有機スペクトル解析入門

横山 泰・石原晋次・生方 俊・川村 出 著

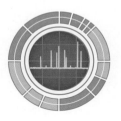

東京化学同人

表紙デザイン：山田好浩

は じ め に

　世の中には数多くの有機化合物が存在しています．そのうちごく一部が論文や特許など
に公表されて，どのような構造や物性か，どのようにして合成されたか，あるいはその化
合物の起源や単離の方法などについて詳細に報告されています．これらの情報は日々デー
タベース[†]に収録され，更新されています．

　研究者は，ある有機分子について調べたいとき，その分子の構造式や構造式から導かれ
る名称で検索し，分子に関する情報を載せた論文にたどり着きます．もしあなたが単離し
た分子について構造決定を誤り，間違った分子構造を報告してしまったら，それがたとえ
難病を克服するすばらしい医薬品になる分子であっても，後世の研究者は誤った分子構造
に基づいて研究を始めることになってしまいます．分子の正確な構造決定は大変重要で，
有機化学の第一歩です．

　これから本格的に有機化学に関連する分野（有機合成化学，反応有機化学，有機材料化
学，物理有機化学，生物有機化学，薬学，農芸化学など）に進む学部3，4年生，修士課
程の皆さんは，卒業研究や大学院における研究などにおいて，新規化合物を手にし，自ら
構造を決定することがあるでしょう．そのときに新規化合物の正しい構造を報告するた
め，質量分析法，赤外分光法，核磁気共鳴分光法，紫外可視分光法などにより多くのスペ
クトルを測定し，解析する必要があります．

　各種スペクトルから化合物の構造を決定するには，スペクトルを"正しく読む"ことが
求められます．そのためには，日頃から多くのスペクトルにふれて，構造とスペクトルの
関係をよく知り，慣れることが肝心です．

　本書では，皆さんと同じ年代のころからスペクトルの読み方を学んできた著者らが，こ
れから有機化学の道に進む方々に向けて，スペクトルを"正しく読む"には何が大事で，
何が間違いやすいかをわかりやすく説明しました．もちろん，この本を読んだだけですぐ
にスペクトル解析の達人になるわけではありません．しかし，近いうちに自分でスペクト
ルを測定するようになり，有機化合物のスペクトルにふれて1年，2年と経つにつれ，次
第にスペクトルを正しく，そして素早く読めるようになるでしょう．

　本書では，まず有機化合物の構造解析に用いられる方法，ならびに各種スペクトルから
得られる情報と構造解析の心得について簡単に述べました．その後，各章ではそれぞれの
解析法について原理やスペクトルの読み方を具体例をあげて丁寧に解説し，最後にこれら
のスペクトルを組合わせた構造解析の実際について紹介しました．

　このように基礎に始まり発展的な内容にいたるなかで"何が大事か"を抽出し，間違い
が起こりやすい事柄についてはそのたびに注意を促しました．また，知識の確認のために
各章末に練習問題を用意し，さらには応用力を養うために演習問題を掲載しましたので，

---

　†　たとえば，CAS Registry という世界最大の化合物データベース（米国化学会）には，有機化合物・無
　機化合物・タンパク質・核酸の塩基配列など，合わせて3億件に迫る化合物が収録されている．

是非，挑戦してください．本書を礎として，皆さんが一日も早くスペクトル解析の達人になり，やがて正しく構造決定した「My 化合物」が論文に発表され，データベースに付け加えられる日が来ることを願っています．

　最後に，本書の刊行にあたって，著者らを辛抱強く励まし続けてくださった東京化学同人の山田豊氏に心から感謝します．

2021 年 12 月

著　者　一　同

目　　次

コ ラ ム

1 スペクトルによる構造解析

有機化合物の構造解析にはどのような分析方法が用いられるだろうか．その分析方法はどのような原理に基づき，どのような情報を与え，その結果どのようにして構造決定がなされるか，について見てみよう．

1・1 スペクトルと構造解析

　本書では，おもに質量分析法（2 章），赤外分光法（3 章），核磁気共鳴分光法（4 章），紫外可視分光法（5 章）により測定したスペクトルを用いた有機化合物の構造解析について解説する．

　"スペクトル"と後の三つの手法に共通する"分光"という言葉は，プリズムを使って太陽光（白色光）をさまざまな色の光線に分解（**分光**）すると，連続した細長い色の帯（**スペクトル**）になるという実験結果に由来する．その後，スペクトルという言葉の意味は，時代とともに大幅に拡張された．

スペクトル（spectrum, 複数形は spectra）

> "スペクトル"とは，物質に電磁波を照射し，物質に吸収されずに透過した電磁波，あるいは一度吸収されて物質内部との相互作用を経て放出された電磁波を検出し，その強度を縦軸に，電磁波のエネルギーを横軸にとって表示したグラフのこと．

　たとえば，紫外可視分光法では，図 1・1 のようなスペクトルが得られる．これは，試料溶液に，波長を連続的に変えて紫外光から可視光までの単色光を照射

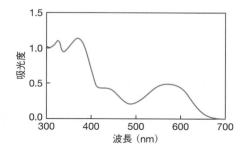

図 1・1　紫外可視スペクトルの例

透過度と吸光度の関係については5・2・2節を参照のこと.

し，光の吸収強度の波長依存性を，横軸に波長 λ，縦軸に光の透過度 T あるいは吸光度 A をとって表した図形が紫外可視スペクトルである．横軸にエネルギーの代わりに波長をとっているのは，次節の(1・3)式で光（光子）のエネルギー E が波長 λ と関係づけられるためである．

このように，物質が吸収した，あるいは放出した電磁波を検出し，スペクトルの形で情報を取得し，その解析によって物質の性質や構造などを調べる手法を**分光法**（spectroscopy）とよぶ．

spectroscopy は scope という単語と関係があり，「見る・観測する」意味合いをもつ．

本書で扱う機器分析法のなかで，赤外（IR）分光法，核磁気共鳴（NMR）分光法，紫外可視（UV-vis）分光法では，電磁波を照射して物質との相互作用を調べる．一方，質量分析法では，これらの分光法とは異なり，試料分子をイオン化して電磁気的な作用により分離・検出し，イオンの質量と電荷数の比（m/z）を横軸に，その強度を縦軸にとって，スペクトルに類似したグラフの形で表す．このため，質量分析法は spectroscopy を用いずに，英語では mass spectrometry と表記し，日本語では"マススペクトロメトリー"ともよぶ．

spectrometry は metry がギリシャ語の metron に由来し，measure すなわち「測る」意味合いをもち，日本語では（分光）分析法あるいは（分光）測定法とよばれる．

1・2　電磁波とは

1・2・1　電磁波は波と粒子の性質をあわせもつ

電磁波（electromagnetic wave）

電磁波は，電場と磁場が直交して振動しながら空間を伝わる波である．その真空中における速度 c は波長によらず一定（$2.998\times10^8\,\mathrm{m\,s^{-1}}$）であり，波長 λ と振動数 ν の積で表される．

$$c = \lambda\nu \tag{1・1}$$

一方，電磁波は粒子としての性質をあわせもち，その粒子を"光子"とよぶ．光子1個のエネルギー e は，波としての性質の振動数 ν あるいは波長 λ を含む式で表される．

振動数は振動の周期の逆数であり，1秒間に通過する波の山（あるいは谷）の数のこと．周波数ともいう．

$$e = h\nu = \frac{hc}{\lambda} \tag{1・2}$$

ここで，h はプランク定数（$6.626\times10^{-34}\,\mathrm{J\,s}$）である．

光子1モル（1アインシュタインという）のエネルギー E は，光子1個のエネルギー e にアボガドロ定数 N_{A}（$6.022\times10^{23}\,\mathrm{mol^{-1}}$）を掛けた値になり，（1・2）式から以下のようになる．

$$E = eN_{\mathrm{A}} = \frac{N_{\mathrm{A}}hc}{\lambda} \tag{1・3}$$

1・2・2　電磁波の種類と分光法

電磁波は，図1・2に示すように波長により分類され，それぞれ名称が付いている．波長が 0.1 nm 以下の γ 線から 10^9 nm（1 m）以上のラジオ波まである．

紫外光（ultraviolet light, 紫外線ともいう）

紫外光：約 10 nm〜380 nm．紫色に見える波長範囲より短波長側にあり，"紫

の外側の領域"の電磁波.

可視光：約 380 nm〜780 nm. 可視光はヒトの目に"色"として識別できる狭い領域にある. 可視光のうち, 波長が短い 420 nm 付近は紫, 460 nm 付近は青, 510 nm 付近は緑, 580 nm 付近は黄, 600 nm 付近は橙, 650 nm から 750 nm 付近までの広い範囲は赤に見える.

赤外光：約 780 nm〜10^5 nm (100 μm). 赤色に見える波長範囲より長波長側にあり, "赤の外側の領域"の電磁波. 780 nm から 2500 nm (2.5 μm) の赤外領域を特に近赤外領域という. 可視光領域に近い赤外領域という意味である.

赤外光より長波長側には**マイクロ波**（約 10^5 nm (100 μm)〜10^9 nm (1 m)）, さらに長波長側には**ラジオ波**の領域がある.

<u>電磁波のエネルギーは波長が短いほど大きく, 波長が長いほど小さい.</u>

γ線＞X線＞紫外光＞可視光＞赤外光＞マイクロ波＞ラジオ波

(1・3)式から, 電磁波の光子 1 モルのエネルギーは, たとえば, 波長 1 nm の X 線は 119.6 MJ mol^{-1}, 波長 250 nm の紫外光は 478.4 kJ mol^{-1}, 波長 10^6 nm (1 mm) のマイクロ波は 119.6 J mol^{-1} となる.

可視光（visible light, 可視光線ともいう）
色として識別できる波長範囲には少し個人差がある.

赤外光（infrared light, 赤外線ともいう）

マイクロ波（microwave）

ラジオ波（radio wave）

マイクロ波は電子レンジ, 携帯電話, レーダー, テレビの衛星放送などに使われる波長領域であり, ラジオ波は AM ラジオの電波などの周波数帯である.

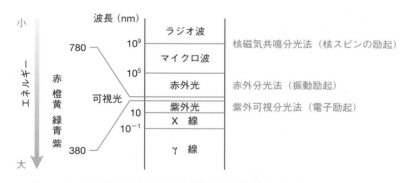

図 1・2　**各分光法に使われる電磁波の波長と名称**　1 nm ＝ 1.0 × 10^{-9} m

図 1・2 に示したように, 各分光法に用いられる電磁波の種類と波長領域は異なる.

> 紫外可視分光法：おもに約 200 nm〜800 nm の紫外から可視光領域. ただし, 有機色素などには 1000 nm 程度の近赤外領域の電磁波を吸収する場合もある.
> 赤外分光法：2500 nm〜25,000 nm (2.5 μm〜25 μm) の赤外領域
> 核磁気共鳴分光法：マイクロ波からラジオ波の領域. 測定される核の種類と装置で用いる磁場の強度により波長が異なる（1・3 節および 4 章参照）.

有機分子は 200 nm より短波長の光も吸収するが, 測定に用いる光源の種類や光路の材質, 試料を入れる容器（セル）の材質に大きな制限があり, 測定が困難である.

各分光法に用いられる電磁波の波長領域が異なる理由については, 1・3 節で説明する.

1・3　分光法における電磁波の吸収と励起

　　各分光法では，分子に電磁波を吸収させ，その前後の変化の過程を観察する．“安定な”状態にある分子が，電磁波を吸収して，エネルギー的により高い“不安定な”状態に遷移する．この過程を**励起**とよぶ．安定な状態と不安定な状態には，ボルツマン分布に従って熱的な平衡状態を保ちながら各分子が存在するが，電磁波の吸収によって熱的な平衡状態から外れる．上記の各分光法ではそれぞれ励起に関わる過程が異なり，励起に必要な電磁波の種類も異なる．

励起（excitation）

> 紫外可視分光法：紫外光，可視光，近赤外光による，分子軌道間の1電子励起
> 赤外分光法：赤外光による，分子の振動準位間の振動励起
> 核磁気共鳴分光法：核（原子核）が磁場中に置かれたとき，マイクロ波またはラジオ波による，核スピンの励起

　　各分光法における励起の過程について詳しく見てみよう．以下，励起に必要なエネルギーが大きい順に分光法を並べてある．

質量分析法については，異なるエネルギー状態の間の励起，という概念は当てはまらない．詳しくは2章を参照のこと．

1・3・1　紫外可視分光法における電磁波の吸収と励起

　　分子には電子が存在できる分子軌道が複数あり，どの軌道に電子がいくつ存在するかによって，分子のエネルギー，反応性，物性，電荷などが異なる．分子軌道に電子が入ることにより分子は固有のエネルギーを獲得する．この固有のエネルギーは不連続であり，分子軌道のエネルギーは“量子化”されているという．

　　通常，電気的に中性な有機分子を対象とする紫外可視分光法では，図1・3に示すように，分子内の電子の配置が，**基底状態**とよばれる最も安定な状態から，電子1個がエネルギー的に高い分子軌道に遷移し（電子遷移），**励起状態**とよばれる不安定な状態に変化する際に，吸収される光の波長と吸収確率（強度）を測定する．このように，“安定な”状態にある分子が光子1個を吸収して，エネルギー的により高い電子状態に励起することを**電子励起**という．

基底状態（ground state）

励起状態（excited state）

電子励起
（electronic excitation）

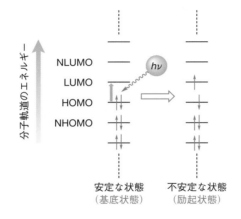

図1・3　有機分子の分子軌道と光吸収による励起

　図1・3では，紫外光および可視光の吸収により分子中で起こる基本的な変化を示している．図のように，最も小さなエネルギーで電子励起が起こるのは，"基底状態"にある分子の，電子が占有している最もエネルギーの高い分子軌道（HOMOという）に入っている電子が，光のエネルギーによって最もエネルギーの低い空の分子軌道（LUMOという）に遷移する場合である．その結果，分子は二つの軌道にそれぞれ電子を1個ずつ収容した"励起状態"になる．基底状態と励起状態のエネルギー差は，量子化された分子軌道のエネルギーの差に等しいので，励起に必要なエネルギー，すなわち励起をひき起こす光の波長は同じ分子なら常にほぼ一定である．

　一方，図1・4は一つの分子のエネルギーは光吸収により，どのように変化するかを示している．基底状態（S_0）にある分子がHOMOとLUMOのエネルギー差に相当する光を吸収した場合を例にとると，電子1個がHOMOからLUMOに遷移してS_1という励起状態になる．したがってS_1の状態にある分子は，HOMOとLUMOそれぞれに1個ずつ電子が入っている．

　紫外可視分光法は，照射する紫外光および可視光のエネルギーを連続的に変えて，分子がS_0からS_1やS_2など（まとめてS_nと表す），より高いエネルギー状態に励起する過程を観測する手法である．

HOMO：highest occupied molecular orbital の略称．HOMO の一つ下の占有軌道はNHOMO（Next HOMO）とよぶ．

LUMO：lowest unoccupied molecular orbital の略称．LUMO の一つ上の空軌道はNLUMO（Next LUMO）とよぶ．

Sは，singlet（一重項）の略．電子はパウリの排他律によって，一つの軌道にスピンの方向を逆にして2個まで入ることができる．基底状態は厳密にこのルールに従うが，励起状態では電子を1個だけもつ軌道が二つあり，これらはパウリの排他律に束縛されない．図1・3のように基底状態のスピンをそのまま保持している場合を"励起一重項状態（S_n）"とよぶ．一方，この状態でどちらかの電子がスピンを反転させた場合を"励起三重項状態（T_n）"とよぶ．

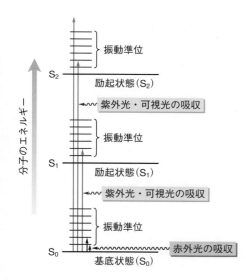

図1・4　有機分子の電子励起・振動励起と分子のエネルギー

振動励起については1・3・2節で説明する．

1・3・2　赤外分光法における電磁波の吸収と励起

　図1・4をよく見ると，S_0やS_nの状態には「振動準位」が高エネルギー側に積み重なっている．"振動"とは，分子内の原子間結合の伸び縮み（伸縮振動）や，連続して結合している三つの原子がつくる角度の変化（変角振動）のことである．分子軌道のエネルギーと同様に，振動準位のエネルギーも量子化されている．赤外分光法は，電子的基底状態 S_0 に付随する振動準位にある分子の，振動

伸縮振動および変角振動については3章で述べる．

振動励起
（vibrational excitation）

準位間の励起（**振動励起**）を観測する分光法である.

　S_0 における振動励起に必要なエネルギーは, 電子励起に必要なエネルギーのせいぜい十分の一程度であり, 励起をひき起こす電磁波は赤外領域にある.

1・3・3　核磁気共鳴分光法における電磁波の吸収と励起・緩和

　紫外可視分光法と赤外分光法では, 電磁波の照射による安定な状態から不安定な状態への分子の励起は, 単に「分子に電磁波を照射する」ことで達成された. これは, 安定な状態と不安定な状態に相当する量子化されたエネルギー準位がもともと分子に内在しているからである.

核磁気共鳴分光法では質量数と原子番号の少なくともどちらか一方が奇数の核種が測定可能である. たとえば ^{1}H や ^{13}C など.

　一方, 核磁気共鳴（NMR）分光法では大きく異なる. 図 1・5 に示すように, ある種の原子核は, 核の自転運動（核スピン）により磁気モーメントが発生し, 小さな磁石として働く. 通常の状態では, 核スピンはバラバラな方向を向いており, 秩序がない. ところが, 核スピンが静磁場の中に置かれると, 静磁場の向きに平行または反平行に配向して整列し, エネルギー差 ΔE をもつ二つのエネルギー状態に分裂し（**ゼーマン分裂**とよぶ）, ボルツマン分布に従って存在するようになる. このエネルギー差は静磁場の強度に比例するが, そのエネルギー差に相当する周波数の電磁波を吸収すると, 核スピンが低エネルギー状態から高エネルギー状態に励起する（**核スピンの励起**）. 現在, NMR 分光装置ではラジオ波からマイクロ波の範囲の電磁波が用いられている（後述）.

ゼーマン分裂
（Zeeman splitting）

電磁波を吸収して核スピンが励起することを**共鳴**ともいい, これが"核磁気共鳴"の由来である（4 章参照）.

通常, 静磁場に平行な核スピン（↑）の状態を α 状態, 反平行な核スピン（↓）の状態を β 状態という（4・4・7 節）.

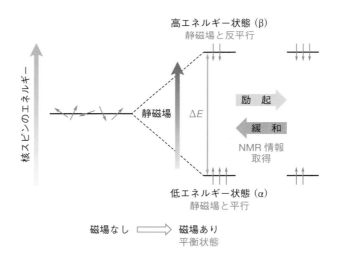

図 1・5　NMR 分光法における核スピンの励起および緩和

　NMR 分光法は, 吸収された電磁波の強度を検出する他の分光法とは原理が異なっている. まず, 静磁場中で平衡状態にあるスピンのエネルギー状態の比を電磁波の吸収による励起で乱しておき, つぎに電磁波を照射した直後から時間とともに元の平衡状態に戻る"緩和"の過程で生じる, 核スピンによる磁化の振動を

詳しくは 4・5・3 節で説明する.

検出する．ここで検出された時間とともに減衰する信号は周期性をもっており，この信号を周波数と強度に関するスペクトルにフーリエ変換（FT）すると，核どうしの結合，等価な核の数，核の置かれた電子的・立体的環境などの情報が得られる．

分子式がわかっていれば，有機分子の構造について最も多くの情報が得られる分光法である．

NMR 測定において，強い磁場と，励起のための電磁波の発振器が必要である．最近の NMR 測定装置は分解能の向上のために強力な磁場が使用されている．たとえば，14.1 テスラの磁場を用いた場合，

^{1}H 核の測定に必要な電磁波の波長は約 0.5 m，周波数は 600 MHz

^{13}C 核の測定に必要な電磁波の波長は約 2 m，周波数は 150.8 MHz

となり，マイクロ波からラジオ波の領域の電磁波となる（4 章も参照のこと）．

テスラ（T）は磁束密度の単位で，1 テスラは 10^4 ガウス．
NMR 測定装置には，超伝導磁石が用いられる（4・5・1 節参照）．

1・4　スペクトルから得られる情報と構造解析の心得

各種スペクトルによる有機化合物の構造解析では，多くの場合，一つだけの分析法で目的化合物の構造を決定できることはほとんどない．その方法や入手できる情報は多いほうが良い．図 1・6 に示すように，各分光・分析法（スペクトル）から得られる情報には特徴があり，相補的なものとなっている．そのため，すべての情報を十分に検証し，矛盾なくつなぎあわせて分子構造を推定することが大切である．

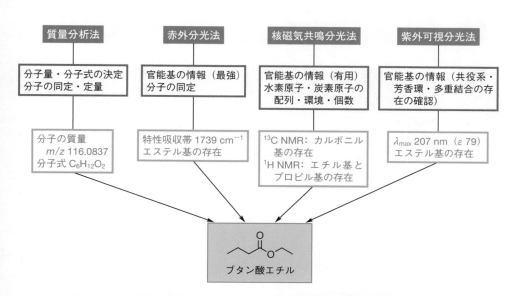

図 1・6　各分光・分析法（スペクトル）から得られる情報と構造解析の例

本化合物のスペクトル解析については以下の章で具体的に取上げる．

つぎに，正しい結論に導くためには，分子構造→スペクトルという逆の流れで，スペクトルの読み違えや重要な情報の見落としなどがないことの確認を含めて，推定した分子構造とすべてのスペクトルから得られる情報に矛盾がないかを

* たとえば，大きな立体障害のため普通ではあり得ない赤外スペクトルが観測されたり，二つの立体配座の熱変換が遅いため，NMR スペクトルが複雑になるなど．しかし，このような結論を出すには，さらなる実験や文献調査などにより十分な検証が必要である．

検証する必要がある．矛盾がなければ，構造決定が完了する．

矛盾が一つでもある場合には，

① 推定した分子構造が間違っている

② 測定したスペクトルの情報に誤りがある

③ きわめて特殊な例である*

という三つの可能性を考えて構造決定のプロセスを再検討する必要がある．ただし，③ についてはその適用の必然性を十分に吟味する必要がある．

有機スペクトル解析はパズルに似ている！

　クロスワードパズルを例にとると，カギとよばれるヒント（スペクトル）から導き出された言葉（スペクトルから得られる情報，図 1・6 参照）を，縦と横にクロスしたマスに当てはめ，白いマスをすべて埋めると「答え」が得られる（分子構造の決定）．パズルを解くには，常に縦と横の関連性を考えることが大切である．

下記のヒントに基づいて，マス目の中にカタカナを埋め，つぎに A → E のマス目の文字を順に並べると "一つの言葉" ができる．答えは巻末を参照．

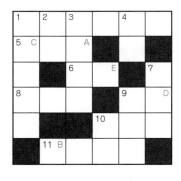

横のカギ

1. 人間の目に光として感じる電磁波の名称．
5. ○○○ピーク．交差ピークともいう．
6. 物質量の基本単位．
8. シグソーパズルの一枚の小片のこと．
9. 「干支」の読み．
10. >CH− 基の名称．
11. 分子式 C_5H_{12} の直鎖炭化水素化合物の名称．

縦のカギ

1. 原子核の自転運動のこと．
2. 光の三原色（RGB）がすべて重なってできる色．
3. 秋桜ともいう．
4. 試料を入れる容器．
7. $RR'C=O$ で表される化合物の総称．
9. 分子式 C_2H_2 の化合物の名称．アセチレンともいう．
10. ベンゼンの誘導体の 1 位と 3 位の関係．

2 質量分析法

質量分析法は，有機化合物の構造解析において最も重要な手掛かりとなる分子量や分子式に関する情報などを得るための非常に有力な手法である．ここでは，その基本原理やスペクトルの解析の仕方を中心に見てみよう．

2・1 質量分析法とは

　質量分析法は，有機化合物などを適切な方法によってイオン化し，分子の"質量"を測定する手法であり，その目的の一つとして構造解析に欠かせない「分子式の決定」がある．また，化学物質の同定や定量など，さまざまな分野で幅広く利用されている．質量分析法の原理について簡単にまとめると，以下のようになる．

> ① 有機化合物を"イオン化"して，
> ② 生成したイオンを質量の違いにより"分離"し，
> ③ 質量ごとのイオンの"数"を集計し，
> ④ 質量（横軸）とイオンの数に相当する信号強度（縦軸）で表された**マススペクトル**を得る．

質量分析法
(mass spectrometry)
マススペクトロメトリーともよばれ，MS（エムエス）と略称されるが，「MS」を「マス：mass」と混同して使用しないように注意しよう．

マススペクトル
(mass spectrum)

　通常，イオン化によって1価のイオンを生成するが，イオン化の方法によっては2価以上のイオンになることもあり，この場合はイオンの質量 m を電荷数 z で割った値として観測される．このため，横軸は単なる質量ではなく，"m/z" で表される．また，縦軸は信号の最大強度に対する"相対強度"として示すこともある．

　例として，図2・1にブタン酸エチル（$C_6H_{12}O_2$）のマススペクトルを示した．ブタン酸エチルのイオンの質量に対応するピークが m/z 116 のところに観測されている．スペクトルの詳細については，2・3・3節で説明する．

m/z は「エム・オーバー・ズィー（ゼット）」と読み，斜体で表す．単位のない，無次元の値をとる．

2・2　質量分析法では原子や分子の質量を測定する

　質量分析法では，実際のマススペクトルから得られる情報は分子量でなく，分

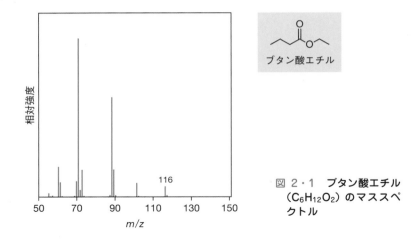

図 2・1 **ブタン酸エチル**
($C_6H_{12}O_2$）のマススペ
クトル

子の"質量"であり，細かく見れば原子の質量に関する情報が含まれている．そのため，詳細に解析すると，分子を構成する原子の種類と数，つまり「分子式」を推定することができる（2・2・3節参照）．

2・2・1 同位体と原子の質量

分子の"質量"について理解するため，まず同位体と原子の質量について簡単に復習しておこう．

同位体は，核を構成する陽子の数は同じであるが中性子の数が異なる元素のことである．ほとんどの元素には同位体が存在する．たとえば，炭素原子には陽子6個と，中性子6個の炭素12（^{12}C）および中性子7個の炭素13（^{13}C）が存在し，**質量数**が異なる同位体がある．これらの天然存在比は ^{12}C が 98.93 %，^{13}C が 1.07 %である（表2・1）．なお，質量数は原子中の陽子と中性子の数の和のことであり，"質量"を表す数値とは異なる．

原子の"質量"は同位体ごとに異なっている．その単位は**統一原子質量単位**（記号 u）あるいは"ダルトン"（記号 Da）であり，「炭素12（^{12}C）原子1個の質量の 1/12」と定義される．表2・1に示すように，^{12}C の質量は 12.000…，^{13}C の質量は 13.003…である．陽子1個と中性子1個の質量はほぼ1u（Da）であり，電子の質量はその1800分の1程度である．このため，原子や分子の質量を測定すると，陽子や中性子の数が反映されて，およそ1u（Da）ごとの値となる．以下，本書では質量の単位に Da を用いることにする．

2・2・2 分子の質量と質量分析

質量分析では分子をイオン化して，気相中で組合わせの違う1個ずつのイオンを検出するので，同位体も"区別される"*．このため，質量の異なるイオンは異なる質量のピークを与え，同位体の存在比に応じて特有の分布（**同位体パターン**）を示す（2・2・4節参照）．このことから，同位体パターンの解析を行うと，

同位体（isotope）
安定同位体と放射性同位体がある．通常の質量分析では自然界に存在する同位体と，その天然存在比を用いる．

質量数（mass number）
質量数は原子に対してだけあてはまるので，"この化合物の質量数は 100 である"のような表現は間違いである．

統一原子質量単位
(unified atomic mass unit)

ダルトン（dalton）

* たとえば，メタン分子の場合，$^{12}C^1H_4$ と $^{13}C^1H_4$ では「質量」が異なり，このような同位体による違いが"区別される"．

同位体パターン
(isotope pattern)

表 2・1　各同位体の相対原子質量，天然存在比および標準原子量[†]

同位体[*1]			相対原子質量[*2,*3]	天然存在比[*3]	標準原子量[*4]	同位体[*1]			相対原子質量[*2,*3]	天然存在比[*3]	標準原子量[*4]
1	H	1	1.00782503223(9)	0.999885(70)	[1.00784, 1.00811]	11	Na	23	22.9897692820(19)	1	22.98976928(2)
	D	2	2.01410177812(12)	0.000115(70)		12	Mg	24	23.985041697(14)	0.7899(4)	[24.304, 24.307]
	T	3	3.0160492779(24)					25	24.985836976(50)	0.1000(1)	
2	He	3	3.0160293201(25)	0.00000134(3)	4.002602(2)			26	25.982592968(31)	0.1101(3)	
		4	4.00260325413(6)	0.99999866(3)		13	Al	27	26.98153853(11)	1	26.9815385(7)
3	Li	6	6.0151228874(16)	0.0759(4)	[6.938, 6.997]	14	Si	28	27.97692653465(44)	0.92223(19)	[28.084, 28.086]
		7	7.0160034366(45)	0.9241(4)				29	28.97649466490(52)	0.04685(8)	
5	B	10	10.01293695(41)	0.199(7)	[10.806, 10.821]			30	29.973770136(23)	0.03092(11)	
		11	11.00930536(45)	0.801(7)		15	P	31	30.97376199842(70)	1	30.973761998(5)
6	C	12	12.0000000(00)	0.9893(8)	[12.0096, 12.0116]	16	S	32	31.9720711744(14)	0.9499(26)	[32.059, 32.076]
		13	13.00335483507(23)	0.0107(8)				33	32.9714589098(15)	0.0075(2)	
		14	14.0032419884(40)					34	33.967867004(47)	0.0425(24)	
7	N	14	14.00307400443(20)	0.99636(20)	[14.00643, 14.00728]			36	35.96708071(20)	0.0001(1)	
		15	15.00010889888(64)	0.00364(20)		17	Cl	35	34.968852682(37)	0.7576(10)	[35.446, 35.457]
8	O	16	15.99491461957(17)	0.99757(16)	[15.99903, 15.99977]			37	36.965902602(55)	0.2424(10)	
		17	16.99913175650(69)	0.00038(1)		35	Br	79	78.9183376(14)	0.5069(7)	[79.901, 79.907]
		18	17.99915961286(76)	0.00205(14)				81	80.9162897(14)	0.4931(7)	
9	F	19	18.99840316273(92)	1	18.998403163(6)	53	I	127	126.9044719(39)	1	126.90447(3)

[†]　NIST Physical Measure Laboratory のウェブサイトにある「Atomic Weights and Isotopic Compositions」（2015 年 7 月）より引用.
[*1]　左から原子番号，元素記号，質量数を表す.
[*2]　各原子の質量は陽子と中性子の質量の和よりもわずかに小さい．これは，原子核内で起こる“質量欠損”による．核内で数個の陽子と中性子が結合するのに必要なエネルギーは $E = mc^2$（c は光速）の式によって質量 m と関連付けられ，そのエネルギーが質量の減少によってまかなわれる.
[*3]　（　）は不確さを示す．1.234(56) であれば，1.234 に対して標準不確かさが ±0.056 という意味.
[*4]　複数の同位体をもつ元素（ヘリウムを除く）については原子量の変動範囲を [a, b] で示した.

分子を構成する原子についての情報が得られる.

分子における同位体パターン

　　分子の“質量”は，その分子に含まれる原子の質量の合計になる．各原子には同位体が存在することから，個々の分子は，各原子の同位体の 重複組合わせ として，Da 単位で異なる多種類の“質量”のいずれかをもつことになる．また，質量の異なる個々の分子の存在比は，含まれる原子の天然存在比を反映するので，個々の分子をすべて集めたときの信号強度の分布も，天然存在比を反映することになる．Cl，Br など同位体の天然存在比が特徴的な原子を含む場合は顕著であり，分子イオンピーク周辺のシグナルパターンから，これらの原子がいくつ存在するか推定できることがある（2・2・4 節参照）.

> **重複組合わせ**
> たとえば，分子中に炭素原子が 2 個含まれれば，異なる 2 種類の同位体から重複を許して 2 個とる組合わせ（$_2H_2$）であるから 3 種類（$^{12}C_2$，$^{12}C \cdot ^{13}C$，$^{13}C_2$）となる．炭素原子 60 個からなるフラーレン分子では $_2H_{60}$＝61 種類となるが，^{13}C を含むほとんどのピークは強度比が小さすぎて見えない（図 2・2 参照）.

2・2・3　ノミナル質量とモノアイソトピック質量

　　前節において分子には同位体の分布があることを述べたが，質量を調べるにはもっと簡単に扱えることが望ましい．そこで，質量分析では天然存在比が“最大”の同位体（主同位体）の質量について，特別な定義をして用いている.

> 天然存在比が最大の同位体について
>
> **ノミナル質量:** 小数点以下を四捨五入して整数で表した質量
>
> **モノアイソトピック質量:** 小数点以下を示した精密質量

ノミナル質量（nominal mass）. **整数質量**ともいうが，ノミナル質量は特に天然存在比が最大の同位体に限定したもの.

モノアイソトピック質量（monoisotopic mass）. モノ（単一の）アイソトープ（同位体）の質量という意味である.

ノミナル質量の合計は，モノアイソトピック質量の合計を整数にするのとは定義が異なる. ノミナル質量は，分子が大きくなると小数点以下の丸め誤差によって値がずれてくることがあり，使用できない場合もある.

　これらの質量に関する用語を二つに使い分ける理由は，データ解析の目的に応じて扱いやすい桁数があるためである（2・3・4 節参照）. ここで「精密質量」とは，高分解能質量分析において用いられ，分子式の解析に十分となる桁数（mDa 単位）まで求めた質量のことをさすことが多い（2・3・6 節）.

　"ノミナル質量"の単位は Da であり，たとえば，水素原子は 1 Da，炭素原子は 12 Da，酸素原子は 16 Da である. 分子やイオンのノミナル質量は，原子のノミナル質量の合計から計算する. よって，メタノールの同位体（$^{12}C^{1}H_4^{16}O$）のノミナル質量は 12＋4＋16＝32 Da となる.

　"モノアイソトピック質量"は，$^{12}C^{1}H_4^{16}O$ では，小数点以下 4 桁で 32.0262 となる. 一方，ノミナル質量が同じ 32 Da である酸素分子（$^{16}O_2$）は，31.9898 となり，0.0364 Da（36.4 mDa）だけ値が異なっていることがわかる. すなわち，分子を構成する原子が異なればモノアイソトピック質量が異なることになるので，小数点以下の質量を精密に測定すれば，分子式を推定できることがある.

「分子式」の推定は料理に似ている!?

　レストランで食べた料理（分子）がとてもおいしかったので，味や食感など（分子に含まれる原子に関する情報）を頼りに，原材料（原子）をつきとめながら，そのレシピを考え（「分子式」の推定），再現した料理を家族にふるまう. マススペクトルでは，原子に関する情報は"同位体の分布"や"精密な質量"によって得られる. ただし，情報量としては多くないこともあり，シェフのつくった料理の完全な再現が難しいのと同様に，「分子式」を必ず推定できるわけではない.

実際の質量分析においては，モノアイソトピック質量は「質量が"最小"の同位体の質量の合計」をさす場合が多い．それは下記の理由による．

① 質量が最小の同位体の天然存在比が最大である場合が多い（表2・1参照）．

② ある分子について，各元素の同位体の最小質量を合計すれば，その質量について約 1Da の範囲において同位体の組合わせパターンは <u>1 種類しかない</u>．このことは，2・3・4 節で述べる高分解能質量分析による分子式の解析においてきわめて重要である．

もちろん最大の同位体の質量を合計しても 1 種類しかないが，同位体の質量数が大きいほど天然存在比が小さくなる傾向があり，ピーク強度においても質量が最小の同位体を合計したほうが，圧倒的に存在比が大きい．

2・2・4　マススペクトルにおける同位体パターン

分子式の推定は，モノアイソトピック質量の測定値（M）からだけでなく，同位体パターンにおける測定値（M, $M+1$, $M+2$, $M+3\cdots$）の強度比によっても可能である．つまり，<u>分子を構成する各元素の同位体（X, X+1, X+2, X+3$\cdots$）の天然存在比に基づいて，分子式から計算される強度比のパターンと実際のマススペクトルを比較することにより，分子式が推定できる</u>．

以下，各元素の同位体の型に従って同位体パターンについて見てみよう．

① 単一同位体元素: F, Na, P, I など

天然に同位体が 1 種類しかない元素．同位体パターンにあまり影響を与えないので，質量分析としては扱いやすい元素である．

② X+1 型元素: H, C, N, Si など

同位体 X+1 の質量の寄与が数%程度となる元素．分子の質量が大きくなると明らかに同位体パターンに影響を与えるため，モノアイソトピック質量と間違える可能性がある．

質量が 1Da も違えば，別の物質と判断しかねず，注意が必要である．

例として，炭素原子のみからなるフラーレンを取上げる（図2・2）．60 個の炭素原子からなる C_{60} では，^{13}C の天然存在比は 1.1% であるが無視できず，^{13}C を 1 個含む分子の $M+1$ の強度は全体の 34% を占めることになる．C_{120}（ダンベルフラーレン: C_{60} の二量体）のようにもっと炭素原子数が多くなれば，C_{60} のよ

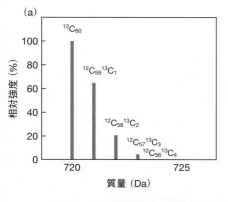
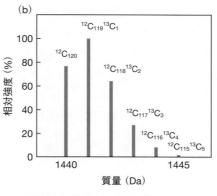

C^{60} では $^{12}C_{60}$ が最大強度をもつが，C_{120} では $^{12}C_{120}$ でなく $^{12}C_{119}{}^{13}C_1$ が最大強度をもつ．

図 2・2　炭素原子のみからなるフラーレン分子の同位体パターンの例
　(a) C_{60}, (b) C_{120}（ダンベルフラーレン）

うな右肩下がりの分布から C_{120} のような山なりの分布へと変化していく.

　③ X+2 型元素: Cl, Br など（O, S は X+2 の天然存在比が小さいが, このグルー
　　プに含まれる）

塩素1個を含む化合物のマススペクトルの例については図2・18(a)を参照.

　同位体 X+2 の質量の寄与が大きな元素. 特徴的な同位体パターンを示すため, これらの元素が含まれているか簡単に見分けられる場合がある. たとえば1個の Cl を含む場合, 同位体の天然存在比（表2・1）を反映して $M:M+2$ の強度比が3:1となる. 同様に1個の Br を含む場合, $M:M+2$ の強度比がおよそ1:1となる. 1個の場合は見分けるのが簡単であるが, 2個, 3個…と増加する場合にはシミュレーションが必要となる. 図2・3に, いくつかの例をあげる.

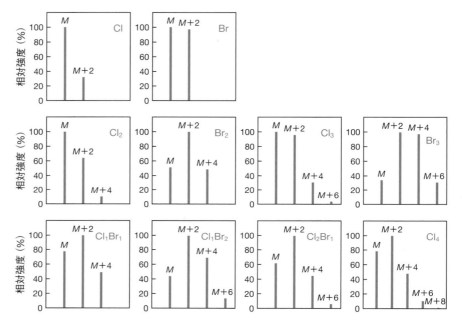

図 2・3　複数個の塩素または臭素を組合わせた場合の同位体パターンの例

　④ X−1 型元素: Li, B など

　主同位体より質量数が1小さい同位体（X−1）が存在する元素である. つまり, 最小質量の同位体が最大の存在比をもたない場合. 質量分析において厄介な元素である. 後述の高分解能質量分析においては, モノアイソトピック質量ではなく, "最も小さい質量（左端のピーク）"を見るのが一般的なため, 検出強度が小さくなる. そのため, X−1 型元素が複数含まれたり, 分子の質量が大きく X+1 型元素が大量に含まれたりすると, 強度がきわめて小さくなり解析できないこともある.

代表的な例としては有機ホウ素化合物があり, モノアイソトピック質量の測定には高性能な設備を必要とすることもある.

　⑤　その他の元素

　ほとんどの有機化合物に含まれる元素は, これまでと同様の同位体パターンを示す. ただし, 特に金属元素など, 上記のいずれにも該当しない元素も多いの

で，それらを含む金属錯体などの場合は注意が必要である．X−1 型元素と同様にモノアイソトピック質量が最小質量とならないものがあるため，高分解能質量分析では困難な場合が多い．特に 3 種類以上の同位体がある金属元素の場合は，同位体の分布も広がり，相対強度が低下するという問題も生じる*．

＊　しかし，特徴的な同位体パターンを示すため，推定した分子式に基づいてシミュレーションを行い，測定データと比較することも大切である．

2・2・5　分子式と不飽和度

　分子式が推定できると，**不飽和度**により，分子中に存在する不飽和結合や環構造の数がわかり，構造決定のための有力な情報となる．

不飽和度
(degree of unsaturation)

　分子における不飽和の要因は，多重結合（二重結合と三重結合）および環構造であり，不飽和度は二重結合の数×1，三重結合の数×2，環構造の数×1 の合計となる．一方，単結合のみからなる飽和非環式化合物は，不飽和度が 0 となる．このように，安定な中性分子では，不飽和度は 0 あるいは整数の値をとり，負の値とはならないため，推定した分子式が適切かどうかの判定もできる．ただし，イオンの状態では判定方法が異なる場合があるので，詳しくは p.27 のコラムで解説する．

炭化水素の場合，飽和直鎖状化合物 C_nH_{2n+2} から水素原子の不足する数により不飽和度が表され，2 個不足すると不飽和度が 1 となり，4 個不足すると不飽和度が 2 となる．
このため，不飽和度のことを**不足水素指数**または**水素不足指数**ともいう．

　不飽和度は，分子を構成する元素の種類と数および元素がつくる結合の数（原子価）により関係づけられる．一般に，分子式 $C_aH_bO_cN_dX_e$（X はハロゲン原子）をもつ分子の不飽和度を計算する式は，

$$不飽和度 = (a+1) + \left(-\frac{b}{2}\right) + \left(\frac{d}{2}\right) + \left(-\frac{e}{2}\right) \qquad (2・1)$$

これらの元素の原子価は，炭素 4，水素 1，酸素 2，窒素 3，ハロゲン 1 である．他の元素についても，原子価に基づいて同様に扱うことができる．

で表される．(2・1)式の各項は，炭素以外の原子について，それぞれの原子価の 1/2 から 1 を引いた数（H および X: 1/2−1＝−1/2，O: 2/2−1＝0，N: 3/2−1＝1/2）を係数としたものである．このため，(2・1)式には酸素などの 2 価原子が含まれないことに注意しよう．

　たとえば，右に示した分子式 $C_9H_{10}O_2NCl$ をもつ化合物は，$a=9$，$b=10$，$c=2$，$d=1$，$e=1$ であり，上式に代入すると不飽和度は 5 となり，ベンゼン環における一つの環構造と三つの二重結合，カルボニル基における一つの二重結合に由来することがわかる．

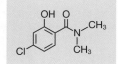

2・2・6　窒 素 ル ー ル

　そのほかに，分子式の推定に役立つ有用な規則として**窒素ルール**がある．

窒素ルール
(nitrogen rule)

> ある分子のノミナル質量が，
>
> 　奇数の場合　⇔　分子に含まれる窒素の数が奇数個
>
> 　偶数の場合　⇔　分子に含まれる窒素の数が偶数個（0 を含む）

　窒素ルールが成立する理由は，窒素の特異な性質に基づく．通常の有機分子を構成する原子について，① 偶数のノミナル質量をもつ原子（^{12}C，^{16}O，^{28}Si，^{32}S

など）は偶数の原子価をもち，② 奇数のノミナル質量をもつもののほとんど（^{1}H，ハロゲン原子，^{31}P など）は奇数の原子価をもつ．ただし，一つだけ例外があり，③ 窒素はノミナル質量が偶数（14）であるのに奇数の原子価（3）をもつ．

　このことを，不飽和度の計算式（2・2・5 節の(2・1)式）によって説明しよう．分子式 $C_aH_bO_cN_dX_e$ の分子において，1/2 の係数の項（b, d, e）は，それぞれ水素，窒素，ハロゲンの数である．中性分子の不飽和度は整数であるので，b, d, e の和は偶数でなければならない．したがって窒素原子の数 d が奇数であれば，$b + e$ も奇数である必要がある．このとき，炭素，酸素，窒素はノミナル質量が偶数であるのでいくつあっても合計は偶数であるのに対し，水素とハロゲンのノミナル質量は奇数であるので，$b + e$ が奇数であればその質量の合計は奇数である．すなわち，ある分子の窒素原子の数が奇数であれば，その分子のノミナル質量は奇数である．

　逆に，ある分子の質量が奇数である場合，その分子を構成する原子が C, H, O, N であることがわかれば，この分子に含まれる窒素原子の数は奇数であり，構造決定に有用な情報となる．

2・3 質量の測定とマススペクトルの解析

　質量分析では，試料導入―イオン化―質量分離―検出の四つの装置に測定対象を段階的に通過させることで，マススペクトルが得られる．各段階における装置は，測定対象となる分子の性質に応じてさまざまな種類のものが開発されている．

　ここでは，質量の測定やマススペクトルの解析にあたって理解すべき基本的な事項について学び，実際に得られたデータをもとに分子式を推定してみよう．

2・3・1 マススペクトルで観測されるイオンの種類

　質量分析では，分子を“イオン化”して測定を行う．通常，生成するイオンの電荷数は +1（正イオン）あるいは -1（負イオン）であるが，それ以上の電荷数になる場合もある．また，電荷をもたない分子や分子の断片（フラグメント）は検出されない．

　分子のイオン化によって生じる代表的なイオン反応式の例をいくつかあげる．

> **電子によるイオンの生成**
>
> 正イオン
>
> 　電子の放出
>
> 　　$M + e^- \longrightarrow M^{\cdot+} + 2e^-$　　　　　　　　　　　(1)
>
> 　　$M^{\cdot} + e^- \longrightarrow M^+ + 2e^-$　　　　　　　　　　　(2)

C, H, O, N 以外に，偶数の原子価をもち，ノミナル質量が偶数である S や Si が含まれていても，また原子価が奇数でノミナル質量が奇数の P が含まれていても，窒素ルールは成立する．

各段階における装置の種類とその原理については 2・4 節で具体的に述べる．

気相中のイオンは，正イオン（positive ion）または負イオン（negative ion）という用語を用いる（2・3・2 節の PICI と NICI も参照のこと）．

イオン化法や分子構造によっては，分子量が 1000 以上になると，2 価イオンあるいはそれ以上の電荷数をもつイオンが観測されることもある（2・3・2 節，2・4・2 節参照）．

測定対象の分子は M で表す．

負イオン

電子捕獲

$$M + e^- \longrightarrow M^{\cdot -} \tag{3}$$

$$M + e^- \longrightarrow [M-X]^- + X^\cdot \quad [\text{解離性電子捕獲}] \tag{4}$$

イオン対

$$M + e^- \longrightarrow [M-X]^- + X^+ + e^- \quad [\text{イオン対生成反応}] \tag{5}$$

イオンまたは分子との反応などによるイオンの生成

正イオン

プロトン移動

$$M + AH \longrightarrow [M+H]^+ + A^- \tag{6}$$

$$M + [X+H]^+ \longrightarrow [M+H]^+ + X \tag{7}$$

求電子付加

$$M + X^+ \longrightarrow [M+X]^+ \tag{8}$$

アニオン引き抜き

$$M + X^+ \longrightarrow [M-A]^+ + AX \tag{9}$$

電子移動

$$M + X^{\cdot +} \longrightarrow M^{\cdot +} + X \tag{10}$$

負イオン

脱プロトン

$$M \longrightarrow [M-H]^- + H^+ \tag{11}$$

$$M + B \longrightarrow [M-H]^- + [B+H]^+ \tag{12}$$

求核付加

$$M + A^- \longrightarrow [M+A]^- \tag{13}$$

イオン性分子（M＝XY）

$$XY \longrightarrow Y^+ + X^- \tag{14}$$

$$(XY)_n \longrightarrow [X_nY_{n-1}]^- + Y^+ \ \text{または} \ [X_{n-1}Y_n]^+ + X^- \quad [\text{クラスター}] \tag{15}$$

以下，いろいろな化学種一般を X で代表させ，ブレンステッド酸・塩基を AH と B で表す.

　マススペクトルから分子式を推定するには，測定対象となる分子とほぼ同じ質量をもつ**分子イオン**の生成が鍵となり，分子イオンには (1)式のような中性分子 M から電子1個を失った**ラジカルカチオン**（$M^{\cdot +}$），あるいは (3)式のような電子1個を獲得した**ラジカルアニオン**（$M^{\cdot -}$）がある．ここで・は不対電子を表す．一方，イオン化法によっては分子イオンが生成しないこともあり，その場合は $[M+H]^+$ のような関連するイオンから分子式を導くことがある.

　ラジカルカチオンは，(1)式のように高エネルギー電子との衝突や，(10)式のように2分子間の電子移動によって生じる．また，過程としては稀であるが，(2)式のようにラジカルに電子が衝突すると，電子1個を失ってカチオンになることもある．一方，ラジカルアニオンは不安定であり，(3)式のような高エネルギー電子との衝突ではすぐに電子を手放してしまうので生成しにくく，特別な反

分子イオン
(molecular ion)

分子と分子イオンの質量差は，増減した電子の質量だけわずかに異なる.

ラジカルカチオン
(radical cation)

ラジカルアニオン
(radical anion)

応条件が必要となる．衝突させる電子のエネルギーが高くなると，(4)式，(5)式のように中性分子 M が電子を獲得し，ラジカル種 X˙ やカチオン X⁺ を脱離してイオン化することもあり，このほうがエネルギー的に有利なことがある．

次に，ラジカル反応ではなく，<u>イオン反応により正負どちらかのイオン種が中性分子 M に付加する</u>場合について説明する．溶液中では (6)式のような酸塩基反応（AH がブレンステッド酸）が一般的であるが，質量分析では気相中でイオンとの衝突を起こさせることができる．(7)式のような反応が気相中で起こると [X+H]⁺ はブレンステッド酸（(7)式の X は CH_4 のような中性分子であるが，系内でプロトン化されて [X+H]⁺ となる）としてはたらき，M を [M+H]⁺ のようにイオン化することがある．[M+H]⁺ や [M+X]⁺ のような正イオンを**カチオン付加分子**とよび，特に，H⁺ の場合は**プロトン付加分子**とよぶ．ほかにも，(8)，(9)式のようなカチオンとの反応もあり，イオンのもつ内部エネルギーや反応に必要なエネルギーの違いによって，付加やアニオン引き抜きを伴ってイオン化することもある．また，(10)式のような電子移動反応によってラジカルカチオンが生成することがある．(1)式のように電子が直接衝突するよりも受取る内部エネルギーが低く，分子が壊れにくい過程である．

負イオンでは (11)，(12)式のように<u>プロトンが脱離して負イオンになる</u>ことが多く，その場合を特に**脱プロトン分子**（[M−H]⁻）とよぶ（M は AH のようなブレンステッド酸，B はブレンステッド塩基である）．(13)式のように負イオンが付加すれば**アニオン付加分子**となる．

このようなイオンによる反応は，溶液中あるいは気相中であるかによっても，どれが有利であるか異なる．気相中では不安定なイオンやラジカルが衝突してイオン化することが多いが，溶液中では自然な状態ですでに解離しイオン化している．たとえば，<u>イオン性の試料は解離しやすいので</u>，(14)式のように容易にカチオンとアニオンに分かれ，イオンのまま検出される．ただし，金属錯体は例外としてそのまま検出されることもある．その他，気相中では試料が放出される過程においてクラスターを形成することがあり，(15)式のように 2 分子以上が関与するクラスターイオンとなることも珍しくない．

カチオン付加分子
(cationized molecule)
試料や溶媒などに Na⁺ などのアルカリ金属が含まれていれば，これらがカチオンとして付加することもある．

プロトン付加分子
(protonated molecule)

脱プロトン分子
(deprotonated molecule)
水素イオン H⁺（ヒドロン；hydron）は，同位体によって ¹H⁺（プロトン），²H⁺（ジュウテロン；deuteron），³H⁺（トリトン；triton）に区別されるが，化学反応では「H⁺」を慣用的にプロトンということが多く，質量分析においても陽子 1 個分に相当すると考えてよい．
プロトン付加分子や脱プロトン分子では陽子 1 個分の差と考えればよい．

アニオン付加分子
(anionized molecule)

アミノ酸のような双性イオンでは，正負どちらのイオンにもなりやすい場合がある．

イオンによる反応において分子が正負どちらのイオンになりやすいかは，分子構造や"官能基"に大きく依存する．

カルボキシ基などの酸性官能基 脱プロトンが起こりやすいので負イオンになりやすい．

アミノ基のような塩基性官能基 プロトン付加が起こりやすいので正イオンになりやすい．

中性の官能基 カチオン付加や脱プロトンなどが起こりにくく，(1)式のようなラジカルカチオンにしないとイオン化しないことも多い．金属イオンは錯形成によってプロトンより付加しやすいことがあるため，Na⁺ や Ag⁺ が付加してイオン化することもある．

2・3・2　ハードイオン化とソフトイオン化

マススペクトルで観測されるイオンの種類はイオン化の方法によって特徴があり，以下の二つの方法に大別される．

> **ハードイオン化:** 分子にやや過剰なエネルギーを与えてイオン化する．フラグメンテーションにより分子イオンよりも小さなイオンに分解してしまうことがあり，分子の質量がわからないこともある．
>
> **ソフトイオン化:** 分子ができるだけ分解しないように間接的にイオン化し，カチオンやアニオンを分子に付加させる，あるいは分子から脱離させる．ハードイオン化よりも分子の質量を観測できる対象化合物が大幅に増えるが，付加や脱離による増減を考慮する必要がある．

"ハードイオン化"には，電子ビームを分子に衝突させる**電子イオン化（EI）**があり，前節の「電子によるイオン化」で説明したような反応が起こりやすい．最も多いのが，(1)式のような電子1個を失う反応であり，ラジカルカチオンが生成する．負イオンは生成しにくく，EI では測定しない．EI はやや過剰なエネルギー（2・4・2a 参照）で分子やイオンを分解するため，分子イオンが観測されないことがある．これを"フラグメンテーション"といい，2・5 節でより詳細に説明する．

"ソフトイオン化"の一つとして，**化学イオン化（CI）**がある．CI は**試薬ガス**（メタンやイソブタンなど）を EI によりイオン化し，生じた**反応イオン**を気相中で中性の試料分子に衝突させることにより，間接的にイオン化させる方法である．CI の反応は低エネルギーで進行するので，EI に比べて試料を壊さずにイオン化することができる．さらに，CI は装置の正負の電位を切り替えると，以下の二つが測定できる．

正イオン化学イオン化（PICI）　前節の (7)式のプロトン移動や (8)式の求電子付加により生成するイオンを検出する．使用する試薬ガスによっては，反応イオンが付加することもある[*1]．また，(10)式の電子移動も起こりうる[*2]．

負イオン化学イオン化（NICI）　前節の (11),(12),(13)式で生成する負イオンを検出する．(3),(4)式の電子捕獲（electron capture，EC）も起こりうるが，EI よりも低エネルギーの負イオン生成機構である[*3]．

CI は分子に与えるエネルギーが小さいため，フラグメンテーションが起こりにくく，分子イオンが観測されやすいので分子の質量に関する情報が得られ，分子式の推定が可能となる．

もう一つの代表的なソフトイオン化としては，**エレクトロスプレーイオン化（ESI）**がある．ESI は溶液中での解離によってイオン化が起こり，ラジカル反応を経由していない．したがって，前節の (6)式や (12)式のような酸塩基反応が主要となり，よりマイルドにイオン化される．ESI では検出されるイオンの正負を

電子イオン化
（electron ionization，EI）

化学イオン化
（chemical ionization，CI）

試薬ガス（reagent gas）

反応イオン（reactant ion）
試薬ガスから生じたイオンのうち，試料分子のイオン化に直接関与するイオン種のこと．たとえば，試薬ガスがメタンの場合，反応イオンとして CH_5^+，$C_2H_5^+$，$C_3H_5^+$ がある．

ハードイオン化
（hard ionization）

ソフトイオン化
（soft ionization）

[*1]　たとえば，試薬ガスにメタンガスを用いた場合，$[M+C_2H_5]^+$（$M+29$）や $[M+C_3H_5]^+$（$M+41$）が検出されることがある．

[*2]　$M^{+\cdot}$ が生成するので，電荷移動（charge transfer，CT）によるイオン化として PICI と原理が区別されることもある．

[*3]　電子捕獲では，試薬ガスが安定したイオン化に寄与するが，反応に必要な電子を供給しているわけではないので NICI と区別されることもある．

エレクトロスプレーイオン化（electrospray ionization，ESI）

切り替えるのは容易であり，正イオンでは，$[M+H]^+$ や $[M+Na]^+$，負イオンでは $[M-H]^-$ としてイオン化されることが多い．また，低分子化合物の場合は1価のイオンとして検出されるが，分子量が数千以上のペプチドやタンパク質などの巨大分子の場合は，複数の電荷をもつ**多価イオン**として観測されることがある．

このほかにもソフトイオン化法にはさまざまな種類があり，2・4・2 節でさらに解説する．

多価イオン
（multiply-charged ion）
たとえば，プロトン付加による $[M+nH]^{n+}$ やプロトン脱離による $[M-nH]^{n-}$ など．

2・3・3　マススペクトルの概要

ここではマススペクトルを少し読み解いてみよう．図 2・4 は，ブタン酸エチルを EI によりイオン化して測定したマススペクトルである．EI ではほとんどのイオンが1価になるため，2・1 節において説明した横軸の m/z は質量と同じであるとみなしてよい．

縦軸は，最も強度の大きいピークを 100 % とした相対値で示している．

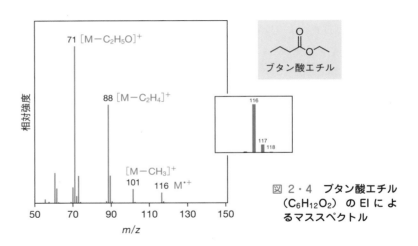

測定した m/z 116 と m/z 117 の相対強度比は，100：16 となっている（理論値は 100：6.5）．相対強度が小さいので誤差であると考えられる．

図 2・4　ブタン酸エチル（$C_6H_{12}O_2$）の EI によるマススペクトル

図 2・4 を例として，マススペクトルでは以下のようなピークが観測される．

分子イオンピーク
（molecular ion peak）

同位体ピーク
（isotope peak）

フラグメントピーク
（fragment peak）

あらかじめフラグメントパターンをデータベース化しておけば，その質量と強度比の比較から，分子構造との照合が可能である．

基準ピーク（base peak）

> **分子イオンピーク**（m/z 116）：分子イオンに基づくピークで，分子の質量を確認できる．この場合，ラジカルカチオン（$M^{+\cdot}$）として観測．
> **同位体ピーク**（m/z 117 など）：同位体イオンに基づくピーク．$M+1$（m/z 117）の同位体ピークが観測されることから，炭素のような X+1 型元素の同位体パターンをもち，X+2 型元素の塩素や臭素などは含まれないことがわかる．
> **フラグメントピーク**（m/z 71，m/z 88 など）：フラグメンテーションにより生成した "フラグメントイオン" に基づくピーク．フラグメントイオンの生成は分子構造に依存し，EI では分子に特有のフラグメントパターンとして現れる．これは有機化合物の "指紋" のようなものであり，構造式の解析に有用である（2・5 節）．
> **基準ピーク**（m/z 71）：最大の強度をもつピーク

このように，マススペクトルは"分子イオン（またはその関連イオン）から解析する分子式"と"フラグメントイオンから解析する構造式"の2種類の情報をもっており，有機化合物の構造解析へのアプローチにおいてきわめて重要である．

つぎに，CI による測定の例として，ブタン酸エチルの PICI によるマススペクトルを見てみよう（図2・5）．$m/z\,57$ は試薬ガス（イソブタン）に由来する反応イオンピークであり，それ以外は試料分子に由来するピークである．フラグメントピークは，EI において最も強い $m/z\,71$ のフラグメントピークがわずかに検出される程度で，それ以外は全く観測されない．さらに EI との明らかな違いは，基準ピークが $m/z\,117$ のプロトン付加分子であることである．また，試料2分子に相当するピークも $m/z\,233$ に観測されており，CI が単一の分子による反応ではなく，分子やイオンの衝突による化学反応に基づくイオン化であることを示している．

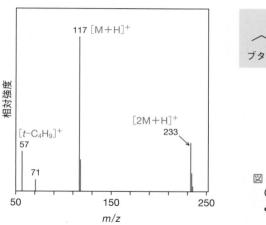

図 2・5 ブタン酸エチル（$C_6H_{12}O_2$）の PICI によるマススペクトル

試薬ガスにイソブタンを用いた場合，正イオンとしてプロトン付加分子が検出されることが多いが，試薬ガスの種類によっては反応イオンが付加することもある（2・3・2節参照）．したがって，分子イオンに関連するイオンを見つけるときは，特別な注意を必要とする．

ESI の測定の例として，図2・6にアスパルテームのマススペクトルを示した．(a) の正イオン測定ではプロトン付加分子となった $m/z\,295$ が現れ，(b) の負イオン測定では脱プロトン分子となった $m/z\,293$ が現れている．それより低質量側に見えているいくつかのピークは，溶液に含まれる溶媒や不純物，または溶液を流す流路の汚染などに由来するものであって，フラグメントイオンはほとんど見えない．一般に，低質量の領域（$m/z\,400$ 以下程度）では試料分子に由来しないピークが多く見えることがあるので，そのピークと重ならないように，測定条件や使用する溶媒などに注意する必要がある．

ところで，これまでに示したマススペクトルは，測定したデータを処理してピークを1本の線に変換したものとなっている．本来のマススペクトルでは，各ピークには幅があり，それらが複数の山として並んでいる．次節で，もう少し詳しく見てみよう．

正イオン測定でプロトン付加分子になりにくい試料の測定では，安定なピークを検出するため，ナトリウムイオン添加剤などを用いることがある．ESI では，もともと不純物として存在する極微量のナトリウムイオンが付加して検出されることもありうる．

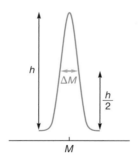

アスパルテーム

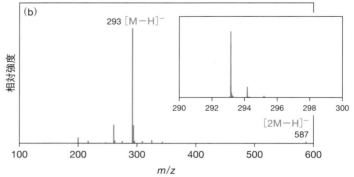

図 2・6　アスパルテーム（$C_{14}H_{18}N_2O_5$）の ESI によるマススペクトル
（a）正イオン，（b）負イオンとして測定

アミノ酸やペプチドは，両性イオンのために正負どちらのイオン化でも検出される．このような化合物の場合，正イオンと負イオンでは質量が 2 Da だけ異なって検出されるので，帰属を間違えないように注意が必要である．

2・3・4　質量分離と分解能

　イオン化されて生成したイオンは m/z に基づいて分離され，マススペクトル上のピークとなって観測される．測定装置により得られたデータには，装置能力の不足によるばらつき誤差が生じ，理論値とは完全には一致せず，図 2・7 のように分布（ピーク幅）をもつ．

分解能（resolving power）

　分解能とは，質量分析計においてピークを分離する能力のことであり，分解能が高いほど，それぞれのピークの幅が狭くなり，隣合うピーク同士の分離が良くなる．分子式の推定など，目的に応じて分解能を選択して測定を行う必要がある．

h

ΔM

$\dfrac{h}{2}$

M

図 2・7　質量分解度の定義（半値全幅）

　分解能は**質量分解度**という値から評価でき，質量分析では質量分解度を**半値全幅**（FWHM）から求める（図2・7）．質量 M のピークの半分の高さ（$h/2$）の全幅を ΔM とすると，FWHM による質量分解度 R_{FWHM} は以下のようになる．

$$R_{\mathrm{FWHM}} = \frac{M}{\Delta M} \tag{2・2}$$

　もう少し具体的に見てみよう．図2・8に示すように，質量 m_1 と m_2 の同じ強度をもつ2本のピークにおいて，$|m_1-m_2|$ が $3 \times \Delta M$ より大きければ，ベースライン付近でピークがはっきりと分かれるようになる．この条件と(2・2)式より，以下の式が得られる．

$$\frac{M}{R_{\mathrm{FWHM}}} = \Delta M < \frac{|m_1 - m_2|}{3} \tag{2・3}$$

　たとえば，質量分解度 $R_{\mathrm{FWHM}}=1500$ の性能をもつ装置において，$\Delta(m/z)$ が1の差（$|m_1-m_2|$）がはっきりと区別できる分子の質量 M の範囲は，(2・3)式より最大でも 500 Da までとなる*．よって，同等のスペクトルを得るには，分子の質量が大きくなるほど，分解能を高くする必要がある．

　また，さらに細かい解析をするには，分解能はその範囲により，以下のように大別できる．

質量分解度
（mass resolution）

半値全幅（full width at half maximum，FWHM）

たとえば，質量 M が 100 で，ΔM が 0.1 であれば，R_{FWHM} は 1000 となる．

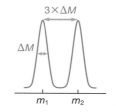

図 2・8　**2本のピークがベースラインで分かれた状態の例**

$$* \quad \frac{M}{1500} < \frac{|m_1 - m_2|}{3} = \frac{1}{3}$$

質量が 1000 Da 未満の1価イオンのとき，質量分解度がそれぞれ以下の場合

① 10,000 未満程度：同位体の 1 Da ごとは概ね区別できるが，小数点以下の質量（精密質量）は信頼できないことが多い．

② 10,000 以上～100,000 未満程度：質量が最小の同位体で構成されるイオン（ほとんどの場合，モノアイソトピックイオン）によるピークに対して精密質量が測定でき，分子式の推定や同位体マッチングができる．ただし，分子量が大きいと不可能な場合がある．$M+1$ 以降の同位体ピークが重なり合った状態では，各ピークの分離ができないことが多く解析困難になる．

③ 100,000 以上：質量が最小の同位体でなくても，$M+1$ や $M+2$ に含まれる同位体ピークが分離でき（次ページのコラム参照），高精度な分子式の絞込みや元素の特定が可能である．

分子式の絞込みについては 2・3・7 節で具体的に解説する．

　明確な基準があるわけではないが，②と③を**高分解能質量分析**という．さらに，③では正確な同位体マッチングが可能になるほど分解能が高い．実際の測定では，分解能よりも質量確度のほうが重要なこともあり，高分解能質量に代わり**高分解能精密質量**ともよばれる．

　同位体マッチングとは，実測スペクトルの同位体パターンと，推定した組成式に対して計算シミュレーションで求めた同位体パターンとを比較し，百分率などで評価する方法である（次ページのコラム参照）．同位体マッチングが一致しない場合は，たとえ精密質量が近くても別の組成式である可能性がある．

高分解能質量分析（high resolution mass spectrometry，HR-MS）

高分解能精密質量（high-resolution, accurate-mass，HR/AM）

分解能が 10 万を超えると

分解能の違いにより，ピーク同士の分離がどのようになるのか見てみよう．図1は合成抗菌薬として用いられるスルファメトキサゾール（$C_{10}H_{11}N_3O_3S$）の ESI によりイオン化して測定したマススペクトルであり，モノアイソトピックイオン M がプロトン付加分子として m/z 254.05939 に観測された．さらに，$M+1$（左下）と $M+2$（右下）の拡大図から，分解能 $R=220{,}000$ および 140,000 では，同位体ごとにピークが分離されており，特に前者では明確に区別が可能である．しかし，$R=50{,}000$ では，ほぼ一つにつながってピーク同士の区別が難しくなっている．このように，$M+1$ 以上の同位体イオ

ンを用いて解析をするには，<u>少なくとも 10 万程度の分解能が必要となる</u>（高いほどよい）．

"元素ごとの"同位体マッチングは，モノアイソトピックイオンと同位体イオンとの質量の差から元素を特定し，さらにピークの相対強度が存在比に適しているかを確認することにより可能である．右上の表は，スルファメトキサゾールに含まれる元素について，その理論値を示したものである．このような表があると，マススペクトルの各ピークについて質量差 Δm_d の小さい順に左からピークが見えてくるので，元素の特定がしやすくなる．

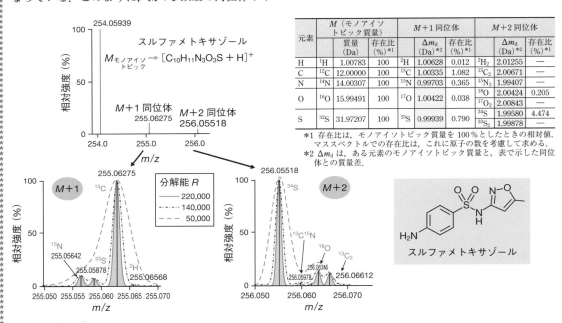

元素	M (モノアイソトピック質量)		$M+1$ 同位体		$M+2$ 同位体	
	質量 (Da)	存在比 (%)*1	Δm_d (Da)*2	存在比 (%)*1	Δm_d (Da)*2	存在比 (%)*1
H	^{1}H 1.00783	100	^{2}H 1.00628	0.012	^{2}H$_2$ 2.01255	—
C	^{12}C 12.00000	100	^{13}C 1.00335	1.082	^{13}C$_2$ 2.00671	—
N	^{14}N 14.00307	100	^{15}N 0.99703	0.365	^{15}N$_2$ 1.99407	—
O	^{16}O 15.99491	100	^{17}O 1.00422	0.038	^{18}O 2.00424	0.205
					^{17}O$_2$ 2.00843	—
S	^{32}S 31.97207	100	^{33}S 0.99939	0.790	^{34}S 1.95580	4.474
					^{33}S$_2$ 1.99878	—

*1 存在比は，モノアイソトピック質量を 100 % としたときの相対値．マススペクトルでの存在比は，これに原子の数を考慮して求める．
*2 Δm_d は，ある元素のモノアイソトピック質量と，表で示した同位体との質量差．

図 1　異なる分解能で測定したスルファメトキサゾールの ESI マススペクトルと理論値の比較　上図：実測スペクトル，下の二つの拡大図：包絡線はそれぞれの分解能による実測のスペクトル，黒い棒が理論値．Thermo Fisher Scientific 社の技術資料 WHITE PAPER 65146，Figure 4 から許可を得て転載

2・3・5 質量の校正

マススペクトルの横軸は m/z であるが，装置から直接得られた値ではなく，何らかの物理量（2・4・4 節参照）から換算して求められている．換算するための関数は，複数点の標準試料の測定によって装置ごとに（場合により測定の度

に）作成し，その結果を対象試料の測定に適用している．このような作業を**校正（較正）**といい，質量分析では重要な作業である．質量の校正には，以下の二つの方法がある．

> **内部標準法**: 対象試料を標準試料と同時に測定する．リアルタイムで校正されるので，"ばらつき"による誤差が小さくなる．
>
> **外部標準法**: あらかじめ標準試料により校正してから対象試料を測定する．二つの作業の間隔が短いほど，誤差は小さくなる．また，校正は後でもできるので，測定の順序は逆にしてもよい．

校正（較正）（calibration）

内部標準法（internal reference method）

外部標準法（external reference method）

時間が経過すると，さまざまな測定環境の"ずれ"（ドリフトという）も結果に反映するため，誤差がさらに大きくなる．ドリフトは，繰返し測定の平均をとっても残るので，外部標準法において質量確度（後述）が低くなる原因となる．

2・3・6　精密質量と質量確度

前節のように質量校正を行っていたとしても測定による誤差があるので，試料を測定したときには，図 2・9 のように測定精密質量（測定値）と計算精密質量（理論値）との間にわずかな"ずれ"が生じる．

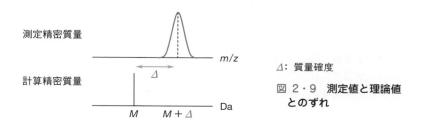

Δ: 質量確度

図 2・9　測定値と理論値とのずれ

分解能が高いほど，小数点以下の細かい桁数で表された「精密質量」が読み取れるが，その値が本当に合っているかどうかはわからない．ここで重要なのは，測定値と計算値の"ずれ"が少ないことと，測定値の"ばらつき"が小さい（再現性が高い）ことである．

質量の真値からの"ずれ"を**質量確度**といい，測定したマススペクトルから得られた質量（**測定精密質量**）と，推定した分子式から計算した真の質量（**計算精密質量**）との差の絶対値で表される．また，質量確度を計算精密質量（真値）で割った"相対質量確度"（ppm）もよく用いられる．

測定値の"ばらつき"（再現性）のことを**質量精度**（mass precision）という．

質量確度（mass accuracy）

測定精密質量（measured accurate mass）

計算精密質量（calculated exact mass）

計算精密質量はモノアイソトピック質量（2・2・3 節）と同義である．

$$質量確度 = |測定精密質量 - 計算精密質量（真値）| \qquad (2・4)$$

$$相対質量確度（ppm）= \frac{質量確度}{計算精密質量（真値）} \times 10^6 \qquad (2・5)$$

一般に，"高分解能"とよばれる装置は，少なくとも相対質量確度が 5 ppm 以下（m/z 1000 のピークの場合 0.005 Da（5 mDa）以下）で測定できる程度の性能がないとあまり役に立たない．

一方，質量確度が高くても，"ばらつき"が大きい（質量精度が低い）場合は，

常に正確な精密質量を求めることができない。このような装置では，内部標準法でなければ，解析に適した質量精度は得られない。そのため，過去には高分解能質量分析では内部標準法が一般的であったが，現在では，装置の性能と技術の向上により外部標準法も用いられている。

外部標準法は操作が簡便であるから，装置の性能と測定の目的により使い分けると良い。

2・3・7 高分解能質量分析による分子式の推定

ここでは，高分解能質量分析による測定データから，どのようにして分子式が推定できるかを実際に見てみよう。

図2・4のブタン酸エチルの測定は低分解能であったが，高分解能質量分析により測定したところ，分子イオンのモノアイソトピックイオンの測定精密質量が "m/z 116.08335" と得られた。分子式の推定には，ソフトウェアによる自動計算による絞込み検索がしばしば用いられる。絞込みの条件には，「含まれる元素の種類と，その数の範囲」，「質量確度の範囲」，「不飽和度の条件」（次ページのコラム参照），「電荷数」などがある。

実際に以下のいくつかの条件を設定して，計算した結果を示す。

＊ ここでは，構造が既知として検索を行ったが，実際には分子に含まれる可能性のあるすべての元素を条件に入れる必要がある。たとえばフッ素を加えてみると，$C_5H_9N_2F$ もヒットする。

絞込みの条件

含まれる元素と数＊: C, H は無制限，N は 0〜3，O は 0〜3
相対質量確度の範囲: 0〜100 ppm
不飽和度の条件: 0 以上の整数（ラジカルイオンの条件）
電荷数: ＋1

⬇

検索の結果: 計算精密質量[†]（質量確度）
$C_6H_{12}O_2$:   116.08318 Da (1.7 mDa, 1.5 ppm)
$C_5H_{12}N_2O$: 116.09441 Da (11.1 mDa, 95 ppm)

各原子の精密質量は表2・1を参照のこと。

[†] 計算精密質量の算出は自動化されているが，実際には以下の表のように計算されている。有効数字を小数点以下 3 桁までとするならば，電子の質量も考慮する必要があり，モノアイソトピックイオンの電荷数が ＋1 のとき電子は −1，電荷数が −1 のとき電子は ＋1 とする。電荷数の設定を間違えると検索にヒットしないので，注意が必要である。

	質量（Da）	その数	合　計
C	12.0000000	6	72.000000
H	1.00782503	12	12.093900
O	15.9949146	2	31.989829
電子	0.0005486	−1	−0.000549

116.083180

高分解能質量分析では，概ね 5 ppm 以下の相対質量確度となるので，この検索条件では，分子式は "$C_6H_{12}O_2$" であると推定できる。

ブタン酸エチルは分子量 100 程度の小さい分子であるが，分子が大きくなるに

イオンの不飽和度

　分子の不飽和度については 2・2・5 節で述べた．ここではイオンの場合について見てみよう．ラジカルカチオン（$M^{\cdot+}$）などの"ラジカルイオン"は，電子数が変化しただけで原子が増減していないので，不飽和度は分子と同じ 0 以上の整数である．一方，プロトン付加分子 $[M+H]^+$ の場合は，不飽和度が整数であった分子に対して，水素 1 個分（$-1/2$）だけ不飽和度に加算されるので，"-0.5"以上の半整数になる．同様に，脱プロトン分子 $[M-H]^-$ であれば"0.5"以上の半整数になる．このように，検出されるイオンのタイプが特定できれば，分子式の候補は大幅に絞り込むことがわかる*.

　なお，2・2・6 節で述べた窒素ルールにおいても，ラジカルカチオンの場合は窒素の数が偶数または 0 のときノミナル質量が偶数（窒素の数が奇数ならノミナル質量が奇数）であるが，プロトン付加分子の場合は窒素が偶数または 0 のときノミナル質量が奇数（窒素の数が奇数ならノミナル質量が偶数）となり，ルールが逆転するので注意しよう．

半整数は整数 n の "$n+\frac{1}{2}$" となる数

*　m/z 116.08335 の絞込み検索において，不飽和度を「-0.5 以上の半整数」とすると，$C_4H_{10}N_3O$ だけがヒットし，他の候補はあがらない．このことからも，不飽和度の設定はきわめて重要であることがわかる．

つれて候補が急激に増えるので，候補を絞込むためには高い質量確度が求められる．したがって，高分解能質量分析による分子式の推定では，質量確度が最も重要であるといえる．

2・4　質量分析装置の構成とその原理

　質量分析装置は，試料導入—イオン化—質量分離—検出の四つの部からなる（図 2・10）．各部の装置は，測定対象となる化合物の性質に応じてさまざまなものが開発されている．以下，各装置の構成および基本原理について，順を追って説明する．

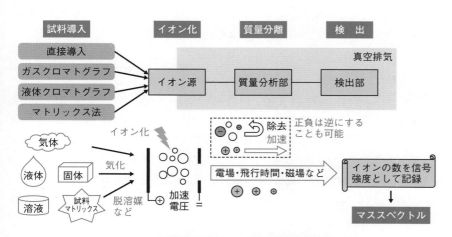

図 2・10　質量分析装置の一般的な構成と基本原理

2・4・1 試 料 導 入 部

　質量分析では，分子1個ずつの質量を測定するため，気相中に分子を1個ずつ放出する必要がある．常温常圧で気体になる揮発性成分や，加熱して気体になる固体または液体であれば問題はないが，気化できない場合は特別な方法が必要となる．また，気相中に測定対象となる分子と夾雑物や溶媒などが凝集している状態では，目的の分子の質量だけを測定することが困難になる．したがって，何らかの方法でそれらを分離・除去する必要がある．

　次節で説明するイオン化法によって，試料導入の方法も異なる．おもな試料導入の方法を表2・2に示す．

表 2・2　イオン化法によって異なる試料導入の方法

試料導入の方法	代表的なイオン化法	代表的な導入器具，装置
気　体	電子イオン化（EI） 化学イオン化（CI）	・ガスクロマトグラフ
固体・液体の気化	電子イオン化（EI） 化学イオン化（CI）	・試料を直接導入し，加熱 ・ガスクロマトグラフ
溶　液	エレクトロスプレーイオン化 （ESI） 大気圧化学イオン化（APCI）	・ポンプによる直接導入 ・液体クロマトグラフ
固体・液体・ペースト など	マトリックス支援レーザー 脱離イオン化（MALDI）	・プレートに塗布
状態を問わず	アンビエント質量分析 （DART，DESI）	・導入しない （かざす，近づけるなど）

アンビエント質量分析は APCI と ESI に類似のイオン化法である DART や DESI のことを示す．

　測定試料が混合物である場合，得られた結果がどの成分に由来するか判断が難しく，場合によっては目的の分子の検出やスペクトルの解析が不可能なこともある．したがって，測定の信頼性を高めるには，目的の分子だけを分離する必要がある．このため，質量分析は**クロマトグラフィー**とよばれる分離分析法と組合わせて用いられることが多く，クロマトグラフとよばれる装置と質量分析装置を結合させて使用される（次ページのコラム参照）．

クロマトグラフィー
（chromatography）

見方を変えれば，質量分析はクロマトグラフィーの"検出器"の役割を担うともいえる．つまり，クロマトグラフにより分離された成分のピークをマススペクトルをもとに同定する．

2・4・2　イオン源とイオン化法

　測定対象となる化合物の分子量や性質などに応じて，イオン化法を選択する必要がある．図2・11に示すように，各イオン化法によって分子の検出できる範囲に特徴がある．実線で示した範囲は測定がしやすい1価イオンの検出，ESIにおいて質量がおよそ2000Da以上ではやや測定しにくい多価イオンの検出を示す．MALDIは分子量が大きければ，どちらのイオンも広い範囲で測定できる．また，測定試料の状態（気体，液体，固体）により，適用できるイオン化法が異なる．

a. 電子イオン化（EI）および化学イオン化（CI）

　EIとCIについては，すでに2・3・2節で述べた．試料は気化させて導入する

クロマトグラフィーと質量分析

　クロマトグラフィーは，複数の成分からなる混合物を，各成分の性質の違いを利用して成分ごとに分離する方法である．質量分析と組合わせれば，より信頼性の高い物質の同定も可能となる．

　クロマトグラフィーでは，混合物を移動相の流れにのせて固定相を通過させる際に，この二つの相と各成分との相互作用（親和性）の違いを利用して分離する（図1）．移動相には気体，液体，超臨界流体の3種類が用いられ，それぞれガスクロマトグラフィー（GC），液体クロマトグラフィー（LC），超臨界流体クロマトグラフィー（SFC）とよばれる．たとえば測定対象がガスまたは加熱気化しやすい物質の場合，ガスクロマトグラフィー質量分析（GC/MS，ジーシーエムエス）とよばれる分析法を用いる．ガスクロマトグラフから絶え間なく流出する移動相と分離された気体成分がイオン源へ導入される．

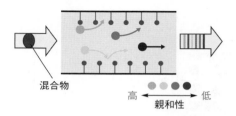

混合物

高 ←→ 低
親和性

図1　クロマトグラフィーの基本原理

質量分析に用いるクロマトグラフィーによる分離では，おもに複数の成分が移動相と固定相とに分配される程度の差（分配平衡）に基づいている．

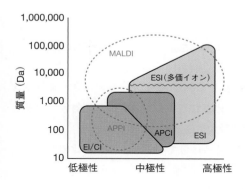

図2・11　**各イオン化法と測定対象となる化合物が検出できるおおよその範囲**　MALDIとAPPIにおける色の破線は適用できる対象が極性だけでは決まらないため，おおよその範囲を示す

＊　真空中（減圧下）で加熱気化（最大 400 ℃ 程度）すれば，やや揮発しにくい有機化合物でも測定が可能となる．ただし，加熱により分解することがあるので注意が必要である．

現在は主流ではないが，以下のようなイオン化法なども開発および利用されている．
FD（field desorption，電界脱離）．電極上に生成させた針状結晶に試料を塗布し，高電圧を加える方法．
FAB（fast atom bombardment，高速原子衝撃）．液体状のマトリックス（後述）に試料を混合させて高速の中性原子を衝突させる方法．
APPI（大気圧光イオン化）．2・4・2c 参照．

必要があるため，揮発性（低極性）の低分子化合物の測定に適している＊．通常，イオン源は EI では高真空（10^{-4} Pa 程度），CI では低真空（10^2 Pa 程度）に保たれていて，分子間の衝突によりイオンが失活しないように制御されている．

　EI と CI は原理が類似しているため，1台の装置で併用できる場合が多い．EI により分子イオンが観測できなければ，CI 法に切り替えて測定することができる．

　EI ではイオン化で与える加速電子のエネルギーを一般に"70 eV"と設定しているため，フラグメンテーションパターンは装置による依存性が少なく，再現性

が良い（2・5節参照）．このため，共通に利用できるデータベースが充実しており，それらをもとに化合物の同定などを行うことができる．

一般に装置に付属しているデータベースが利用できる．

b. エレクトロスプレーイオン化（ESI）

ESI については 2・3・2 節でも述べたが，溶媒に溶かした試料を細長いニードル（針）やキャピラリーを通して噴霧することにより，後述する APCI や APPI と同様に大気圧下でイオン化する方法である．ニードルやキャピラリーは導電性になっており，高電圧を加えて押し出すと，試料と溶媒が混じった円錐状の塊ができて，帯電液滴が放出される（図2・12）．その後すぐに溶媒が蒸発して，液滴の表面電荷が凝縮され，静電的な反発による自発的な分裂を繰返し，最終的には単一の試料分子からなるイオンとなっていく．生成したイオンは，質量分析計の導入口の間との電位差によって引き寄せられ，不活性ガス（N_2 など）の気流によって，安定な状態で導入される．

ESI は溶液試料を対象とするので，液体クロマトグラフィー（LC）とも相性が良い．

円錐状の帯電液滴のことをテイラー（Taylor）コーンという．

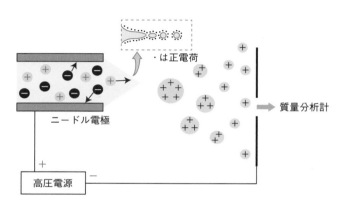

**は正電荷

ニードル電極

質量分析計

高圧電源

図に示されてないが，現用の装置ではニードル周囲に不活性ガスの気流を発生させて，試料溶液の噴霧と溶媒の蒸発を促進している．

図 2・12　エレクトロスプレーイオン化の概念図（正イオンモードの場合）

ESI では，極性官能基（$-OH$，$-NH_2$，$-COOH$ など）を含み，水や極性溶媒に溶けやすい中〜高極性の分子がイオン化されやすく，おもな測定対象となる．

c. 大気圧化学イオン化（APCI）および大気圧光イオン化（APPI）

大気圧化学イオン化は，ESI と装置の構造は似ているが，イオン化の原理が異なる．試料溶液はヒーターを通じて窒素ガスにより噴霧・気化される．このとき，挿入された針電極に噴霧したときに生じるコロナ放電によって溶媒分子などがイオン化され，このイオンが CI と同様に測定対象となる分子をイオン化する．APCI は中極性分子のイオン化に適している．

大気圧化学イオン化
（atmospheric pressure chemical ionization, APCI）

関連するイオン化法として**大気圧光イオン化**があり，光を照射してイオン化を補助する方法である．APCI における針電極の代わりに，光源としてクリプトンランプなどが設置されている．APPI は低極性分子のイオン化に適している．

大気圧光イオン化
（atmospheric pressure photoionization, APPI）

d. マトリックス支援レーザー脱離イオン化（MALDI）

マトリックス支援レーザー脱離イオン化は，"マトリックス"とよばれる低分子有機化合物と測定する試料の混合物をプレート上に塗布し，パルスレーザーを

マトリックス支援レーザー脱離イオン化（matrix-assisted laser desorption/ionization, MALDI）

照射してイオン化する方法である（図2・13）．対象試料の種類に適したマトリックスを選ぶことが大切であり，10種類ほどが汎用されている．

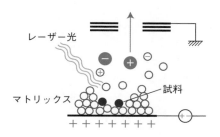

レーザー光

マトリックス　　試料

図2・13　MALDIの概念図

　MALDIでは，混合物表面へのレーザー照射により爆発的な気化が起こり，試料分子とマトリックスが同時にイオン化される．このとき，マトリックスから試料分子へのプロトン移動などが起こり，$[M+H]^+$や$[M+Na]^+$などの付加イオンが生成することが多い．これらはESIとよく似ているが，MALDIにはペプチドやタンパク質などの巨大分子であっても1価イオンが生成しやすく，分子イオンが観測されやすいという重要な特徴がある．このため，MALDIはペプチドやタンパク質の測定法として確立されているが，一般的な有機化合物や高分子化合物にも適用が可能である．一方，分子量の小さい分子の測定では，低分子化合物であるマトリックスと試料に由来するピークが重なるためあまり適さない*．

e. アンビエント質量分析（DART，DESI）

　アンビエント質量分析は，2000年以降に登場した新世代のイオン化法を含む質量分析であり，さまざまな状態や形態の試料をそのままイオン源にかざして，大気圧下で直接イオン化する．代表的なイオン化法としては，"DART"や"DESI"がある．DARTは，励起状態の原子や分子が，空気や試料分子と反応してイオン化させる方法であり，CI（APCI）に類似のイオン化法である．おもにヘリウムガスが用いられ，励起されたヘリウム原子が大気中の水と反応して水のクラスターイオンを生成し，これが試料分子をイオン化すると考えられている．DARTは分子量1000以下の中極性以上の化合物の測定に適している．一方，DESIは帯電液滴を試料表面に噴霧し，目的の分子を液相中に抽出して，ESIと同様の仕組みでイオン化する方法である．ESIと同様に，低極性分子の測定には適さない．

　アンビエント質量分析は，クロマトグラフィーなどで分離せず試料をそのまま測定するので，イオン化しやすい夾雑物が混ざっていると目的の分子の含有率が多くても観測できないことがある*．

2・4・3　質量分析部

　2・3節の後半において，分子式を推定するためには十分な分解能や質量確度が必要であることを説明したが，これらは質量分析部の性能によって決まる．現在，主として以下の装置が利用されている．

Na$^+$は試料やマトリックス中の共存塩に由来する．

*　マトリックスを使用しない表面支援レーザー脱離イオン化（SALDI）など，より高度な解決手法も開発されている．

アンビエント質量分析（ambient mass spectrometry）ambientは"周囲の"という意味であり，身近にあるようなものをそのまま測定できることが語源となっている．アンビエントイオン化ということもある．

DART（direct analysis in real time）
DESI（desorption electrospray ionization）

DARTやDESIは前処理の必要がなく操作が簡単なこともあり，スクリーニング分析などの簡易分析法としても適しており，質量分析の新しい用途として注目されている．

*　この欠点を克服するために，薄層クロマトグラフィーと組合わせる分析法なども考案されている．

フラグメンテーションについては、2・5節で具体的に解説する.

****

質量分析の歴史と変遷

　歴史をさかのぼってみると、1900 年代初頭には、物理学者により原子やイオンの正体を明らかにするため、さまざまな実験や議論がなされていた。その渦中において、1913 年に J. J. Thomson が正イオンの電荷と質量の比を測定できる装置を用いて、ネオンが二つの同位体からなることを発見した。これをきっかけに質量分析法の確立が進み、急速に普及していく。わが国では、質量分析装置が 1930 年代後半に初めて開発された。そして、1960 年代に入り、官能基などによってフラグメンテーションが支配されることが明らかとなってから、有機化合物の構造決定に大きな威力を発揮するようになった。

　現在でも新しいイオン化法や装置が開発され、常に"最新"の分析法であり続けている。裏を返せば、これまで一度も"一台あればすべての測定が可能な装置"の開発が実現できておらず、いろいろな種類の有機化合物を測定するには、必ず複数台の装置による使い分けが必要となっている。なぜ、完全な装置ができないのだろうか？その大きな理由として、"イオンが不安定"であり、"分子構造が非常に多様"であることがあげられる。また、質量分析はきわめて高感度で行えることから「定量分析」用の検出器としての利用が高まっていることも一つの要因である。定量分析用の装置では分子の構造解析には性能が足りず、また分解能を極めれば定量性が犠牲になることもある。そのため、目的にあったイオン化法や装置を適切に選ぶことが大切である。

****

飛行時間型質量分析計
(time-of-flight mass
spectrometer, TOF-MS)

a. 飛行時間型質量分析計 (TOF-MS)

　飛行時間型質量分析計は、イオン源から真空中に放出されたイオンを電場により短い距離で加速し、一定の長さのフライトチューブ内を飛行させ、検出器に到達するまでの時間により質量分離する装置である（図 2・14）。イオンの質量が大きいほど初速度が小さく、飛行時間が長いため、遅れて検出器に到達する。原理的には質量分解能を高くするには、飛行距離を長くすればよいが、大きなイオ

質量と飛行時間 t、フライトチューブの長さ L、加速電圧 V との関係は以下の式で表される。

$$m/z = \frac{2eVt^2}{L^2}$$

図 2・14 における電圧の表記は正イオン検出の場合であり、収束したイオンビームに直交する方向からパルス的に電位差をかけることでイオンを加速する。その初速度をもって飛行するイオンは、リフレクターにより向きを反転させられ検出器に到達する。

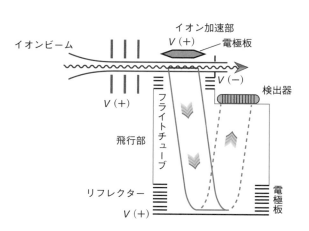

イオン加速部
V (+)
電極板
イオンビーム
V (−)
検出器
V (+)
フライトチューブ
飛行部
リフレクター
電極板
V (+)

図 2・14　TOF 装置（リフレクター型）の概念図

ンでも到達できる程度の長さでなければならない．この飛行時間を標準試料により校正し，m/z に変換すればマススペクトルが得られる．

　TOF-MS の最大の特徴は，イオンの飛行距離を長くするほど，異なる質量のイオンを検出する時間に差が生じ，高分解能のスペクトルが得られることである．また，図2・14 のように多数の電極板を配列したリフレクター（リフレクトロン）を組込んで，イオンをフライトチューブ内で往復させ，距離を長くすることもできる．

b. オービトラップ質量分析計

　オービトラップ質量分析計はイオントラップ質量分析計の一種である．イオンを一定の電圧で加速し，特殊な電場の中にイオンをトラップして中心電極のまわりを周回させる．このときイオンの質量によって周回する速さが異なる．このようなイオンの運動によって誘導された電流を検出し，その周波数が m/z の平方根に反比例するため，フーリエ変換により周波数を解析することでマススペクトルを得る（図2・15）．TOF-MS よりも高分解能を達成しやすいという特徴がある．

　フーリエ変換型の欠点としては，m/z の大きさに反比例して感度が低下することである．したがって，巨大分子を扱うことが多いイオン化法の MALDI では TOF-MS を採用した装置が多く，オービトラップ質量分析計は ESI などの場合に適している．

リフレクター型では装置が大型にならずに，飛行距離を約2倍にできる．また，飛行中に失活したイオンを除去できるので，エネルギーの制御によりイオンの収束度も高まるなどから，分解能が飛躍的に向上する．

オービトラップ質量分析計（Orbitrap mass spectrometer）
オービトラップは商標名であり，学術的には大元の原理の発案者にちなんでキングドントラップとよばれる．

同じ高分解能型として**フーリエ変換イオンサイクロトロン共鳴（FT-ICR）**があるが，オービトラップ質量分析計のほうが小型で安価なため，主流になりつつある．

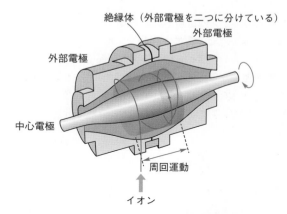

絶縁体（外部電極を二つに分けている）
外部電極
外部電極
中心電極
周回運動
イオン

図 2・15　**オービトラップ質量分析計の概略図**　Thermo Fisher Scientific 社のホームページをもとに作成

c. 四重極質量分析計

　四重極質量分析計では，4 本の棒状の電極に正と負の直流電圧と高周波交流電圧を組合わせて電場を発生させ，イオンを誘導する．イオンは電場によって振動するが，電圧と周波数に応じてある特定の m/z 値をもつイオンだけが安定な振動をして電場を通過し，検出器に到達する．

　四重極質量分析計の長所は感度が高いことである．そのため，定量分析には非

四重極質量分析計（quadrupole mass spectrometer, QMS）

その他の代表的な質量分析計として**磁場セクター型**があり，古くから主流となっていたパイオニア的な装置である．その原理は，加速したイオンを質量分析部に通すときに磁場をかけて進路を曲げると，質量（運動エネルギー）の違いによって到達する位置が変わることを利用している．磁場セクター型の多くは，セクターを二つ備える"二重収束質量分析計"の仕様となっている．操作が難しいことなどがあり，現在は販売台数が大幅に減ってきている．

* マイクロチャンネルプレートは二次電子増倍管を連続した筒状の形にしたチャンネル型電子増倍管の一種．

イオンモビリティー
（ion mobility）

低電場では，イオン速度 v_d はイオン移動度 K と電場 E に比例する．
$$v_d = KE$$

通常，MS では異性体の分離にクロマトグラフィーを併用するが，結果を得るのに多大な労力と時間がかかっていた．その代わりにIMS を用いれば，より迅速な測定が可能になる．

常にすぐれた装置であり，質量分析では最も広く用いられている．しかし，分解能が高くないため，化合物の構造解析にはあまり適さない．

これまでの質量分析計についてまとめると，以下のような傾向がある．

> 低分解能（やや高感度）$\Longleftrightarrow$ 高分解能（やや低感度）
> 四重極 $\Longleftrightarrow$ TOF，オービトラップ

分子式の推定ができるのは，高分解能型である．低分解能型では情報が足りないので，フラグメンテーションの解析などが必要になる（2・5節を参照）．

2・4・4 検 出 部

検出部には，二次電子増倍管（5・1・3d 参照）やマイクロチャンネルプレート*などが使われている．最終的にイオンが検出器に到達すると，イオンが当たった

イオンモビリティースペクトロメトリー

MS とは原理が大きく異なるが，"イオン移動度"を利用したイオンモビリティースペクトロメトリー（IMS）という分離分析法 がある．IMS では比較的高圧なガス中でのイオンの運動を測定する．イオンは進行方向にかけられた電場により移動するが，その際にガス分子に何度も衝突し，かさ高い（"衝突断面積"が大きい）イオンほど衝突する確率が高くなり，イオン移動度が低下し，イオン速度が遅くなるために移動時間に差が生じる（図1）．IMS ではこのような原理に基づいてイオンを分離する．衝突断面積は分子の大きさと形に依存するため，MS では分離できない異性体の分離分析が，IMS では可能となる．

異性体　　　　　　分子の形

図 1　分子の大きさや形と移動度の違い

IMS は MS に比べると分解能と感度が圧倒的に低く，単独で利用されることはほとんどないが，MS の装置との相性も良く，最近になって IMS を連結したシステムを搭載した機種が増えてきている．MS と併用すれば，分子の質量に加えて，その大きさや形（立体構造など）に基づく多様な分離分析が可能となる．

電極の表面から二次電子がつぎつぎと放出されて大量に増幅され，電流となる．電流は増幅器で電圧に変換され，アナログ/デジタル変換器でデジタル化して，イオンの数に相当する信号強度として記録される．もともと検出されたのはイオンであるから，信号強度は発生したイオンの数に比例する．信号は質量分離の方法に応じて異なるタイミングで検出されるので，分離法によるパラメータ（時間，磁場，電場などに依存する物理量）に応じて強度をプロットすると，マススペクトルが得られる．

オービトラップでは，これらの検出器の代わりに，イメージ電流検出器を質量分析部に取付けて検出している．

2・5　フラグメンテーション

2・5・1　フラグメンテーションの概要

　マススペクトルの例でも見たように，イオン化された試料は，質量分析部を通過して検出されるまでに分解することがある．これを**フラグメンテーション**といい，その結果生成したイオンを**フラグメントイオン**という．フラグメンテーションでは，気相中の1個あるいは複数の分子に基づく単純な化学反応により，イオンの結合が開裂してより小さなイオンに分解する．さらに，フラグメントイオンは，元の分子の構造を反映するので，有機化合物の構造解析にとって有用な情報を与える．具体的には，以下のような利点をもつ．

フラグメンテーション
（fragmentation）

フラグメントイオン
（fragment ion）

> • 目的の分子イオンピークや，その関連イオンが検出されない場合でも，フラグメントイオンに基づいて，特徴的な部分構造を推定することでマススペクトルを正しく解釈することができる．
> • フラグメンテーションは分子構造や官能基に依存しやすく，構造解析のための情報を与える．また，同じ質量をもつ構造異性体においても，フラグメンテーションに違いが生じる場合があり，分子イオンだけではわからない情報を得ることができる．
> • 一定の条件で測定すれば，スペクトルデータベースから，フラグメントイオンのパターンを検索することによって，有機化合物の同定ができる．

フラグメンテーションが異なる構造異性体で最も代表的なものに，二置換ベンゼンのオルト異性体と，それ以外のメタ，パラ異性体との違いがある．オルト位は官能基が隣接するので，官能基どうしの相互作用によって異なるフラグメンテーションを示すことがある（オルト効果）．

　フラグメンテーションには，電荷または不対電子の存在が重要な影響を及ぼす．EI法（ハードイオン化）で生じるラジカルイオンは，反応が進行するのに十分なエネルギーをもち，また不対電子が高い反応性を示すため，フラグメンテーションが起こりやすくなる．一方，ESI法（ソフトイオン化）で生じるプロトン付加分子などは，イオン化の過程において溶媒分子へエネルギーが離散するなどのために十分なエネルギーが得られず，フラグメンテーションが起こりにくくなる．そこで，フラグメンテーションを積極的に起こすためには，外部から導入した分子を衝突させてイオンを解離させるか，ラジカルイオンにして反応を促進させる必要がある（次ページのコラム参照）．

プリカーサーイオン
(precursor ion)

プロダクトイオン
(product ion)

衝突誘起解離（collision-
induced dissociation, CID)

MS/MS(mass spectrometry/
mass spectrometry).
エムエスエムエスと読む.
MS/MS では装置の組合わ
せなどによって，いくつか
の種類があり，それぞれ得
られる情報が異なるため，
目的によって使い分ける必
要がある.

電子捕獲解離（electron
capture dissociation,
ECD)

電子移動解離（electron
transfer dissociation,
ETD)

単純開裂
(simple cleavage)

転位反応
(rearrangement reaction)
原子の位置はあまり変わら
ずに，電子移動によって近
くにいる原子との結合の位
置が変わって起こる.

****

MS/MS の基本原理

　ソフトイオン化法において，フラグメンテーションを積極的に起こすために
は，タンデム型とよばれる特別な質量分析装置が必要となる．タンデム質量分
析装置では 2 基の質量分析部を連結させ，その間に専用のチャンバーを配置し
ている（図 1）．まず，イオン部から導入されたイオン（**プリカーサーイオン**）
から質量分析部（MS-1）において特定の質量範囲をもつイオンだけを選択し，
コリジョンチャンバー（q）において，イオンを不活性ガス（ヘリウムやアル
ゴンなど）と衝突させてフラグメンテーションを誘発し，**プロダクトイオン**と
いう分解したイオンを生成させる．これを，**衝突誘起解離（CID）**という．そ
して，質量分析部（MS-2）においてプロダクトイオンのマススペクトルを測
定すれば，目的イオンの質量（部分構造）についての情報が得られる．このよ
うなイオンのスペクトルを測定する技法を総称して**MS/MS**という．マススペ
クトルに不純物やフラグメントイオンに由来するピークが見えていたとき，
MS/MS によって選択ができるため，有機化合物の構造解析や混合物の微量分
析などにとって有用な手段となる．MS/MS による具体的な例については 2・
5・4 節で取上げる.

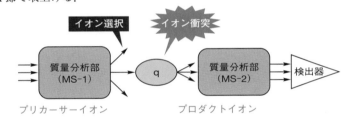

図 1　タンデム質量分析装置の概念図　q：コリジョンチャンバー

　CID は偶数電子をもつイオンや中性分子との反応を伴うから，ごく一般的な
化学反応が起こることが多く（2・5・4 節参照），ラジカルイオンの反応とは
異なった結合の開裂や転位反応が起こる.

　そのほか，ESI により生じた多価イオンをラジカルイオンに変換する手法と
して，低エネルギーの電子と反応させる**電子捕獲解離（ECD）**および負イオ
ンと反応させる**電子移動解離（ETD）**がある．これらは EI 法と類似の反応が
伴う.

****

2・5・2 フラグメンテーションの例

　フラグメンテーションは，おもに以下の二つの反応により生じ，いずれも電子
の移動を伴う.

> **単純開裂**：結合電子の移動によって結合が開裂する反応
> **転位反応**：原子または官能基が結合の位置を変え，分子構造の骨格に変化が生じ
> 　る化学反応

　2個の電子が対になって単結合をつくるが，開裂するときは互いに1個ずつ電子を分け合う場合（**ホモリシス**）と，片方に2個の電子が移動する場合（**ヘテロリシス**）がある．ラジカルカチオンは電子が欠けているので，対になろうとして電子1個を引き寄せてホモリシスが優先的に起こり，正イオン（＋）とラジカル（・）の二つの断片に分かれる．また，ラジカルでない電荷（＋または−）をもつイオンは，ヘテロリシスが優先的に起こる．

　通常，不対電子や電荷は分子内に非局在化しようとするが，非共有電子対やπ軌道をもつような原子（電子を放出しやすい原子）があると，電子が移動して局在化する傾向がある．フラグメンテーションでは，このような特定の原子に局在化した構造を考えることによって，どのように電子が移動して結合が開裂していくのか明確になり，その様式を理解しやすくなる．以下，ハードイオン化（ラジカルカチオン）とソフトイオン化に分けて，それぞれのフラグメンテーションについて，例をあげて紹介する．

ホモリシス（homolysis）

ヘテロリシス（heterolysis）

電子の移動を矢印で示す場合，1電子移動のホモリシスは片羽矢印，2電子移動のヘテロリシスは両羽矢印で表す．

2・5・3　ハードイオン化によるフラグメンテーション

a. α開裂（単純開裂）

　不対電子が存在すると，近くの結合のホモリシスによる開裂反応が起こる．官能基の隣の位置，つまりα位でよく起こることから，**α開裂**という．

　図2・16にはメチルエチルケトンのα開裂によるフラグメンテーションとEIによるマススペクトルを示した．非共有電子対を二組もつ酸素原子はラジカルカ

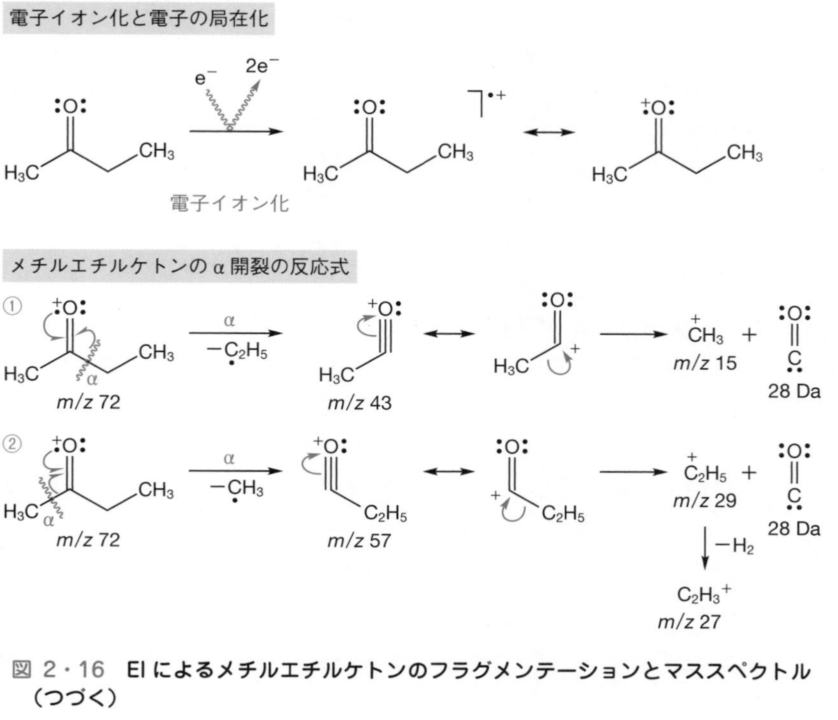

開裂反応は二重結合と三重結合では起こらない．

電子イオン化と電子の局在化

電子イオン化

メチルエチルケトンのα開裂の反応式

イオンとしてピークが検出されるのは，"m/z"で示した構造である．"Da"単位で示した構造は中性分子であり，マススペクトルには観測されない．たとえば，次ページのマススペクトルのm/z 15の帰属は，①式の最後に生成したメチルカチオン（⁺CH₃）であって，②式の最初に生成したメチルラジカル（・CH₃）としてはならない．

図2・16　EIによるメチルエチルケトンのフラグメンテーションとマススペクトル（つづく）

チオンとなりやすく，α 開裂が比較的容易に起こる．逆に，水素原子が結合した
アルキル炭素はラジカルカチオンになりにくい．

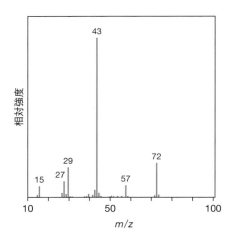

**図 2・16　EI によるメチルエチル
ケトンのフラグメンテーション
とマススペクトル（つづき）**

上記の例では，以下のような特徴が見られる．

*m/z 43 と 57 の相対強度比
は 100：7 である．*

① 開裂後に生成するイオン（*m/z* 43 および 57）の C と O の結合は，ラジカル
　カチオンの電子 1 個と結合電子 1 個により結合が一つ増え，三重結合となる．
② カルボニル基の両末端で開裂が起こるが，アルキル鎖の長いほう，この場合
　はエチル基側の開裂が多くなり，*m/z* 43 に最大強度のピークが検出される．
③ カルボニル基側の断片は，ラジカルカチオンから正電荷に変化する．このと
　きアルキル基はラジカルとなって脱離する．したがって，この段階では，マ
　ススペクトルで検出されるのは電荷をもつカルボニル基側だけである．
④ 1 段階目の反応後の化学種はカチオンであって不対電子がなく，さらなるラ
　ジカルの脱離反応は起こらないが，C−C 結合のヘテロリシスにより安定な
　一酸化炭素とアルキルカチオンに開裂する．このように α 開裂後に十分なエ
　ネルギーが残っていれば，連続的な反応が起こることがある．

*2 段階目の単純開裂は α 開
裂ではなく，結合開裂や誘
起開裂とよばれることが多
い．*

b.　マクラファティ転位（転位反応）

マクラファティ転位
（McLafferty rearrange-
ment）

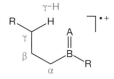

A, B：ヘテロ原子または
　　　炭素
R：任意の置換基

　マクラファティ転位は，代表的な転位反応の一つであり，原子の配置が左図の
ような場合に起こる．具体的には，官能基 A＝B＜ の γ 位に水素が結合し，6 員
環の構造を形づくることが条件となる．A に相当する原子に不対電子が存在すれ
ば，図 2・17 に示すようにマクラファティ転位が進行し，しばしば強いフラグメ
ントピーク（この場合 *m/z* 58）として観測される．この際，γ 位の水素が不対電
子をもつカルボニル炭素に引き抜かれ，その後 β 位での開裂が起こり，カルボ
ニル基を含むラジカルカチオンと中性分子のアルケンが生成する．ラジカルカチ
オンは反応性が高いので，さらに反応が進行することもある．また，同時に α
開裂によるフラグメントイオンピークが *m/z* 43 や *m/z* 85 に観測され，前者は基
準ピークとなっている．

マクラファティ転位　　　　　　　　　　　　　　　　　　　　　　α開裂

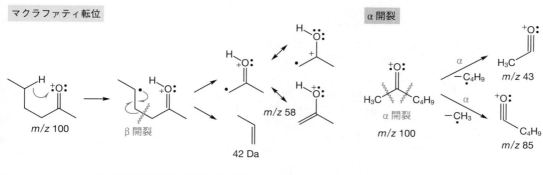

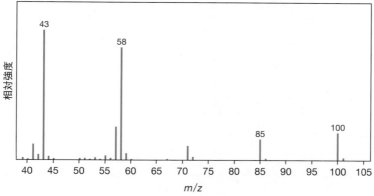

図 2・17　EI による 2-ヘキサノンのフラグメンテーションとマススペクトル

c. フェニルとベンジルの開裂（単純開裂と転位反応）

　フッ素以外のハロゲン化ベンゼンは，ハロゲンが脱離してフェニルカチオンの強いピークが $m/z\,77$ に観測される（図 2・18(a)）．さらに，フェニルカチオンからアセチレンが脱離した $m/z\,51$ のピークも見られる．

　一方，アルキルベンゼンの場合は，単純にアルキル基が脱離する $m/z\,77$ のピークの代わりに，ベンジル位における結合の開裂によりベンジルカチオン（m/z 106）が生成し，環が拡大したトロピリウムイオンとなって存在するため，m/z 91 のピークが強く現れる（図 2・18(b)）．さらに，トロピリウムイオンからアセチレンが脱離したピークが $m/z\,65$ に見られる．したがって，m/z 91 と 65 が同時に観測される場合は，ベンジル基（$C_6H_5CH_2-$）が含まれる可能性が高い．

d. 逆ディールス・アルダー反応（二つの結合による単純開裂）

　シクロヘキセンの構造があると，**逆ディールス・アルダー反応**によるフラグメンテーションが進行することがある（図 2・19）．反応は 2 段階で結合が開裂する経路と一度に両方の結合が開裂する経路が考えられるが，最終的な結果はどちらも同じである（図は 2 段階）．$m/z\,54$ のフラグメントイオンは，水素転位反応と同じようにラジカルカチオンとなり，反応性が高く，ひき続き反応が起こることもある．

フルオロベンゼンだけは，アセチレンが脱離するので，やや異なる反応を示す．

トロピリウムイオンは水素転位により生成する．

逆ディールス・アルダー反応（retroDiels-Alder reaction）

環状構造はイオンが安定化しやすい性質があり，開裂しにくいように見えるが，比較的容易に進行する反応である．

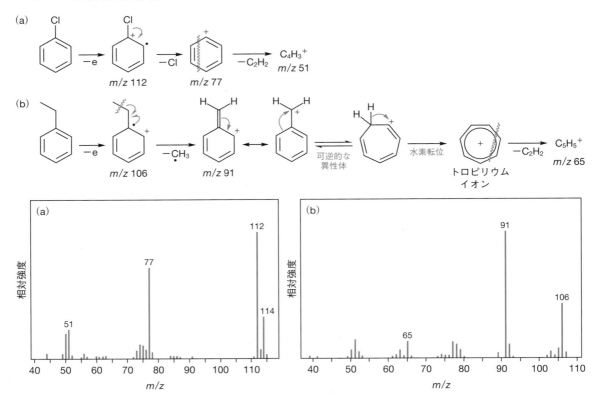

図 2・18　EI によるクロロベンゼン（a）およびエチルベンゼン（b）のフラグメンテーションとマススペクトル

図 2・18(a) では，塩素を含む化合物に特徴的な [M＋2]$^+$ 同位体ピークが m/z 114 に見られる．

協奏反応（concerted reaction）
分子間，あるいは分子内の複数の反応点で，結合の生成と切断が同時に生じる一段階の反応．反応の中間体が存在しない．ディールス・アルダー反応は代表的な協奏反応である．

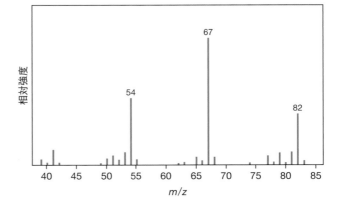

図 2・19　EI によるシクロヘキセンのフラグメンテーションとマススペクトル

図2・19のシクロヘキセンのマススペクトルでは，m/z 67 が基準ピークになっている．このラジカルカチオンが生成する機構ははっきりしないが，下記のように転位反応によって生成する 1-メチルシクロペンテンのラジカルカチオンを経由しているとする報告がある．

2・5・4　ソフトイオン化によるフラグメンテーション

　ソフトイオン化によるフラグメンテーションは，奇数電子をもつラジカルイオンではなく偶数電子をもつイオンから反応が進行するので，ヘテロリシスが優先的に起こる．最も代表的な反応は，アミド結合のイオン開裂と，主鎖のその他の結合の単純開裂である．その他にも転位反応や開環反応を伴うこともあり，ある程度の規則性がある．

　図2・20は血圧降下剤などに用いられるレセルピン（$C_{33}H_{40}N_2O_9$：ノミナル質量 608 Da）と，テトラブチルアンモニウムヒドロキシド（$C_{16}H_{37}NO$：ノミナル質量 259 Da）を混ぜた試料について，正イオンによる MS/MS スペクトルを測定した例である．マススペクトルではプロトン付加分子 $[M+H]^+$（m/z 609）が検出されるが，これをプリカーサーイオンとして選択してヘリウムガスを衝突させることで CID を起こさせ，プロダクトイオンのマススペクトルを測定した．

　レセルピンはトリメトキシ安息香酸のエステルであるので，（A）のイオン開裂によって優先的にカルボキシラートイオンが脱離して m/z 397 が検出される．レセルピンからトリメトキシ安息香酸アニオン（$C_{10}H_{11}O_5^-$，211 Da）として脱離すれば，残りの断片は $C_{23}H_{29}N_2O_4^+$（397 Da）であり，正イオンになる．このように，ソフトイオン化法ではプロトン付加分子から考えずに，元の分子構造から考えた方がわかりやすい．また，m/z 448 は，（B）に示したような開環を伴う開裂であると考えられる．詳しい反応経路は明確でないが，このような開裂反応が単純開裂と転位反応の組合わせによって起こる．

　つぎに，ペプチド結合のフラグメンテーションについて説明する．ペプチド結合は，プロトン付加にひき続く隣接基の関与により比較的容易にイオン開裂が起こり，正イオン検出では図2・21のように分子内環化した b イオンが検出され，また他方の断片はさらに2個のプロトンが付加した場合に y イオンが検出される．CID でさらに高いエネルギーを与えていくと，主鎖の他の位置で単純開裂（α 開裂）した a イオンのような構造のイオンも検出されやすくなる．詳細は省くが，アミノ酸の側鎖（R）が関与したフラグメンテーションを起こすこともある．

水溶液中でテトラブチルアンモニウムヒドロキシドが解離してテトラブチルアンモニウムイオン（$C_{16}H_{36}N^+$，m/z 242）が生じ，ESI でそのまま検出される．ただし，プロダクトイオンマススペクトルでは m/z 609 で選択しているので m/z 242 は除去される．

（B）結合で単純に切った右側の断片は $C_{23}H_{31}NO_8$（449 Da）であるが，転位反応により水素1個を失っていることがわかる．転位する水素の数は結合が開裂した断片の安定性によって決まり，数個の水素が転位により増減することもある．

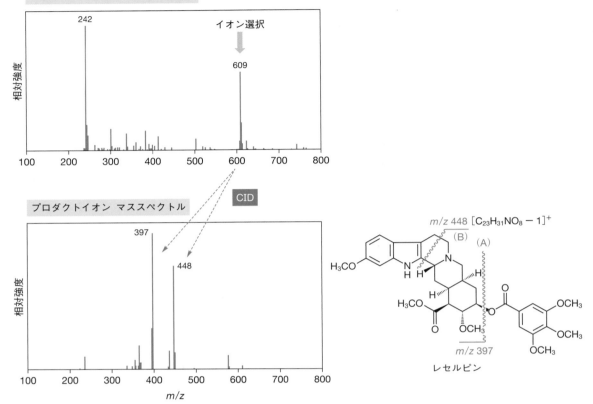

図 2・20 MS/MS 測定による開裂の例（レセルピン）

破線の結合は任意のアミノ酸であることを示す.

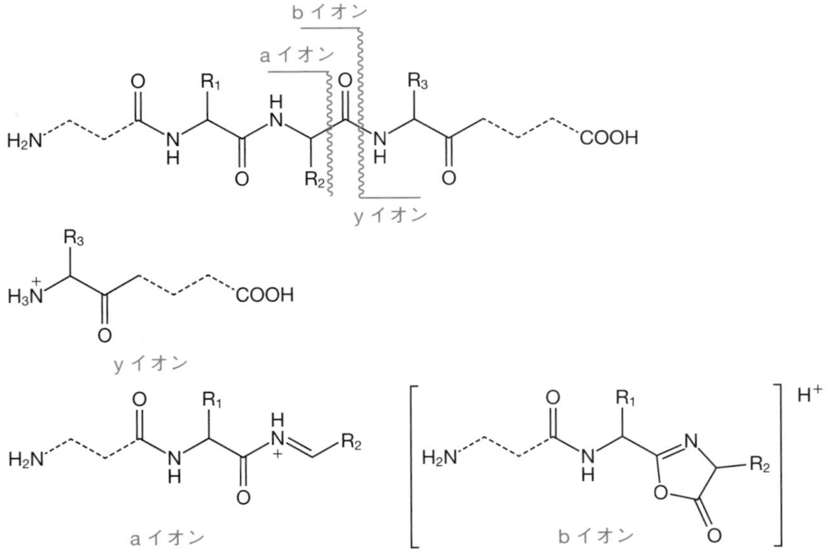

図 2・21 MS/MS 測定による開裂の例（ペプチド）

例として，図 2・22 にブラジキニン 1-7 フラグメント（$C_{35}H_{52}N_{10}O_9$，756 Da）の ESI/MS によるマススペクトル，および MS/MS により m/z 757 のプロトン付加分子をプリカーサーイオンとして測定したプロダクトイオンスペクトルを示した．m/z 601 は y_6 イオン，m/z 642 は b_6 イオンとなり，y イオンが優先的に見えていることから想定された通りであるといえる．ここで，下付き数字は断片のアミノ酸残基数を示す．

ちなみに，特殊なフラグメンテーションもいくつか見られている．m/z 740 は N 末端残基がアルギニンなどに特有のもので，NH_3（17 Da）が脱離するフラグメントイオンである．また，C 末端残基がカルボキシ基になっていると脱水（18 Da）も起こる（m/z 739）．m/z 660 は b_6 イオンの生成時に環化の代わりに水分子が関与してカルボキシ基になったものと考えられる．m/z 643 のイオンは，おそらく m/z 660 の生成と N 末端のアルギニンからの NH_3 の脱離が連続して起こって生成したものと考えられる．

ブラジキニンは 9 個のアミノ酸残基からなるペプチドであり，炎症などの生理活性に関係する．1-7 フラグメントとは，ブラジキニンのアミノ酸残基の 1〜7 を含む断片で，C 末端のプロリンが COOH であるもの．

フラグメントイオンの Δ（m/z）が 1 違うだけで，多くの場合に安定なイオンにはならなくなる．1 違うなら何か理由があると考えたほうがよい．

ESI/MS によるマススペクトル

マススペクトルでは，m/z 757 のプロトン付加体，m/z 779 のナトリウムイオン付加体が観測され，いずれもブラジキニン 1-7 フラグメント分子由来である．そのほかに，b イオンに相当する m/z 642 が強く観測されているが，これはおそらく，m/z 757 のプロトン付加体において，分子左上のプロリン部位が加水分解され，隣接するヒドロキシメチル基をもつセリンと 4 員環ラクトンを巻いたカチオンではないかと考えられる．

ESI/MS の MS/MS によるプロダクトイオンスペクトル

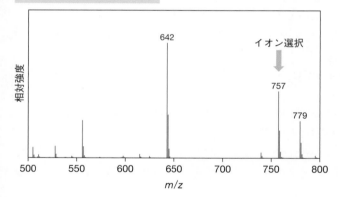

ブラジキニン 1-7 フラグメント

図 2・22　ブラジキニン 1-7 フラグメントの ESI/MS によるマススペクトルおよび MS/MS によるプロダクトイオンスペクトル

練 習 問 題

2・1 次の問いに答えよ.

1) クロロホルム（CHCl₃）の天然同位体の組合わせは何種類あるか求めよ.

2) クロロホルムのモノアイソトピック質量を小数点以下4桁までで求めよ.

3) 塩素3個の同位体分布を考えたとき，モノアイソトピック質量の M の強度を100としたとき，$M+2$ 同位体に相当するピークの相対強度を計算し，小数点以下1桁までで求めよ.

2・2 次の説明について正誤を判定せよ. また，誤りがあるものについてはどこがおかしいか指摘せよ. ただし，いずれの分子も，C, H, N, O, ハロゲン以外の元素は含まない有機化合物とする.

① ある分子のノミナル質量が 92 Da であったとき，その分子に含まれる窒素の数は奇数である.

② 中性分子にプロトンが付加してプロトン付加分子になると，不飽和度は 0.5 だけ増える.

③ $C_5H_{16}N_2O_2$ という組成式の分子は，安定な中性分子としては存在しない.

2・3 次の質量分析の技術に関する説明について正誤を判定せよ. また，誤りがあるものについてはどこがおかしいか指摘せよ.

① 電子イオン化は，プロトン付加分子となってイオン化されることが多い.

② エレクトロスプレーイオン化法は，極性が低い分子よりも高い分子の測定に向いている.

③ アンビエント質量分析は，クロマトグラフィーによる分離を伴う質量分析法のことをいう.

④ 四重極質量分析計は，電極にかかる電圧を上げるほど分解能が高くなっていくので，高分解能のスペクトルが得られる.

2・4 以下の設問で示す化合物の EI によるマススペクトルには，それぞれ観測されるフラグメントイオンピークがあるが，そのピークに帰属されるイオンが生成する過程を反応式で示せ.

1) イソ吉草酸エチル（$C_7H_{14}O_2$, 130 Da）の m/z 88

2) ブチルベンゼン（$C_{10}H_{14}$, 134 Da）の m/z 65

イソ吉草酸エチル

3 赤外分光法

赤外分光法は分子内の官能基の種類の判別に大きな威力を発揮する．この章では，赤外スペクトルの見方について重点を置き，どのようにして官能基に関する情報が得られるかを見ていこう．

3・1 赤外分光法とは

赤外分光法では，分子に赤外光を照射して，分子の振動励起に基づく吸収を観測することにより（1・3・2節参照），分子中の結合が関与する振動の情報が得られる．これらの振動は，結合に関与する原子や結合の種類により特徴的な吸収となって現れるので，赤外スペクトルにおける吸収の位置と強度および形から，分子中にどのような原子集団（官能基）が存在するかを推定できる．

3・1・1 結合の振動と赤外吸収: 結合をバネとみなす

分子を構成する結合は振動しており，原子どうしの結合を二つのおもりをつなぐ"バネ"とみなして解析することができる．二原子分子では1本のバネの伸び縮みによって原子が単振動する（図3・1(a)）．すでに図1・4で示したように，このような振動のエネルギー（振動数）は量子化されており，室温程度ではほとんどの分子は電子的基底状態（S_0）に付随する振動準位の最低エネルギーの準位に存在する．この分子が振動準位間のエネルギー差に相当する赤外光を吸収すると，分子はよりエネルギーの高い準位に"振動励起"し，結合の振動が活発になる（図3・1(b)）．

このような二原子分子の振動励起に必要なエネルギー ΔE は，フックの法則における結合の強さを表す**バネ定数** k と各原子の質量 m_1，m_2 に依存し，（3・1）式で表される．

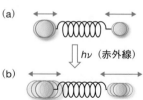

図 3・1 **二原子分子の振動励起**

(a)

$h\nu$（赤外線）

(b)

赤外分光法
（infrared spectroscopy）
IR 分光法ともいう．

バネ定数（spring constant）
力の定数（force constant）
ともいう．

フックの法則は，以下の式で表される．
$$F = -kx$$
F はバネの復元力，x はバネの自然長からの伸び縮み．

$$\Delta E = \frac{h}{2\pi} \sqrt{\frac{k}{\mu}} \qquad ただし, \ \mu = \frac{m_1 m_2}{m_1 + m_2} \qquad (3 \cdot 1)$$

換算質量（reduced mass）

波数（wave number）

ここで μ は**換算質量**とよばれる．また，h はプランク定数である．

　赤外吸収のエネルギーは，通常 1 cm あたりの波の数である**波数** $\tilde{\nu}$（cm^{-1}）で表され，波数は波長 λ（cm）の逆数に相当する．よって振動数を ν，真空中の**光速**を c（cm s^{-1}）とすると，$\tilde{\nu}=1/\lambda = \nu/c$ より，

光速（light velocity）

$$\Delta E = h\nu = hc\tilde{\nu} \qquad (3 \cdot 2)$$

となり，分子に吸収される赤外光の波数は，

$$\tilde{\nu} = \frac{\Delta E}{hc} = \frac{1}{2\pi c} \sqrt{\frac{k}{\mu}} \qquad (3 \cdot 3)$$

となる．

3・1・2　吸収波数は結合の種類に依存する

　前節で見たように，吸収波数は以下の要因に依存する．

① 結合をつくる原子の質量（換算質量 μ）

② 結合の強さ（バネ定数 k）

たとえば C–H と C–O を比べると，$1/\mu$ はそれぞれ約 1.083 と約 0.146 となり，7.4 倍の違いになる．

　有機化合物において，（3・3）式における $1/\mu$ の値は結合の相手が水素原子のときと比べて，水素以外の原子（C, N, O など）どうしの結合の場合，かなり小さくなる．したがって，波数 $\tilde{\nu}$ は水素原子が関わる結合の振動では大きくなり，吸収は高波数側に現れる．

$$\boxed{\text{C–H} > \text{C–N, C–O}}$$

C–C 単結合の伸縮振動は観測されないことが多い（3・1・3 節参照）．

　さらに，バネ定数 k の値は結合が強いほど，すなわち多重結合になるほど大きくなり，吸収は高波数側に現れる．したがって，炭素-炭素間の結合の場合，以下の順で高波数側から低波数側に観測される．

$$\boxed{\text{三重結合 } > \text{ 二重結合 } > \text{ 単結合}}$$

　このような吸収波数と結合の種類の関係については，p.49 のチャート 3・1 を参照のこと．

伸縮振動
(stretching vibration)

変角振動
(bending vibration)

基準振動
(normal vibration)

* ただし，実際に観測される基準振動の数は，この理論値よりも少ない場合が多い．
その要因の一つとして，異なる基準振動が同じ波数をもつ場合がある．この現象を"縮重"という．

3・1・3　分子にはどのような振動様式があるか

　分子の基本となる振動様式には，結合が伸び縮みする振動（**伸縮振動**）と結合角が変化する振動（**変角振動**）がある．これらの振動では分子の重心は動かず，各原子の位置が相対的に変化する．さらに，伸縮振動と変角振動は対称性などを考慮して，それぞれいくつかに分けられる．このような互いに独立した振動様式を**基準振動**という．各分子における基準振動の数は，構成原子の数を N とすると $3N-6$ 個（直線形分子は $3N-5$ 個）となる*．

　3・1・1 節で述べた二原子分子における伸縮振動と比べて，多数の原子からなる分子の場合，振動様式は複雑になる．ここでは，三つの原子からなる水分子

と，有機分子によく見られる $R-CH_2-R$ 構造におけるメチレン基について見てみよう．

伸縮振動 二つの $O-H$ 結合または $C-H$ 結合が同時に伸びたり縮んだりする**対称伸縮振動**（図 3・2(a),(d)）と，片方の結合が伸びるときにもう一方の結合が縮む**逆対称伸縮振動**がある（図 3・2(b),(e)）．

変角振動 同様に"対称"と"逆対称"な振動がある．

水分子とメチレン基に共通して，結合角が変化する振動がある（図 3・2(c),(f)）．また $-CH_2-$ では，R 部分が動かないとすると，さらに三つの変角振動が考えられる（図 3・2(g),(h),(i)）．これらの振動は，R−C−R のつくる三角形に対して H−C−H のつくる三角形が相対的に動く様式である．水の場合は，このような動きをしても分子の形は変わらない．

メチレンの変角振動において，CH_2 の各原子に着目した場合，H−C−H の構成する平面内で動く場合と平面外へ動く場合に分けられ，それぞれ"面内"変角振動，"面外"変角振動とよぶ．

一般に，吸収波数は伸縮振動のほうが変角振動よりも，また逆対称伸縮のほうが対称伸縮振動よりも高波数側に現れる（3・3節参照）．

水分子とメチレン基の場合，いずれの振動も重心の位置を保つために O または C が少し移動する．

これは，伸縮振動に必要なエネルギーが変角振動の場合よりも大きく，逆対称伸縮振動に必要なエネルギーが対称伸縮振動の場合よりも大きいためである．

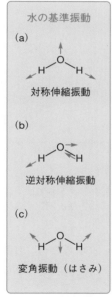
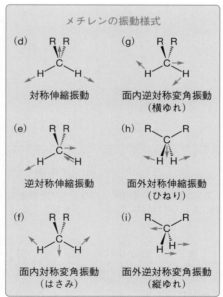

はさみ:	結合角の変化
横ゆれ:	CH_2 面内でのゆれ
ひねり:	C 原子を通る C_2 対称軸に対するひねり
縦ゆれ:	CH_2 平面と RCR 平面のなす角度の変化

図 3・2 水の基準振動とメチレンの振動様式 メチレン基の場合，R 部分の動きを考慮していないので，基準振動ではなく"振動様式"とした

振動による赤外吸収は，分子全体の"双極子モーメント"* が変化する場合にのみ起こり（**赤外活性**），その変化が大きいほど，吸収は強くなる．そのため，赤外（IR）スペクトルでは逆対称な振動が強く観測される．個々の結合の振動につ

* 分子の"双極子モーメント"は，各結合の結合モーメントのベクトル和となる．結合モーメントの大きさは，電荷の偏り q と結合距離 r に比例する．

赤外活性（infrared active）

いて見てみると，たとえば，二つの炭素原子の電子的環境がほぼ同じ場合，炭素-炭素結合の伸縮振動による双極子モーメントの変化は小さく，吸収は弱くなり，一方 C=O 結合のように電気陰性度に大きな差のある原子からなる場合，双極子モーメントの変化が大きく，吸収は強くなる（3・3節参照）.

逆に，ラマンスペクトルでは対称な振動が強く観測され，多くの場合，赤外スペクトルと"相補的な関係"にある. ラマンスペクトルは，分極率（電子雲のひずみ具合）の大きさが変化する場合のみ観測される（ラマン活性）.

3・2 赤外スペクトルから何がわかるか

3・2・1 赤外スペクトルの見方

透過率については 5・2・2 節参照.

本書では，波数が 4000 cm^{-1}〜500 cm^{-1} の範囲のものを掲載している.

赤外（IR）スペクトルは，赤外光がどのくらい吸収されるかを，波数（cm^{-1}）に対して，照射した赤外光の**透過率**（%）で表す（図3・3）. 通常，波数が 4000 cm^{-1}〜400 cm^{-1} の範囲で測定される. 透過率は赤外光をまったく吸収しないとき 100 %，完全に吸収したとき 0 % となる. 吸収については，特徴的なピークの極大位置（極小透過率）の波数とその強度（"強い"，"中程度"，"弱い"），形（"鋭い"，"幅広い"など）によって表される.

図3・3では，吸収のないベースラインのところなど，透過率が 100 % を超えるところが見られる. この現象は，参照スペクトルに対する試料スペクトルの透過光の量が，セルに試料が入ったことで光の反射や散乱により変化することで起こる. 解析するにあたって，特に問題はない.

CO$_2$ による吸収は，空気中で測定する場合に頻繁に観測されるので注意が必要である.

特性吸収帯
(characteristic band)

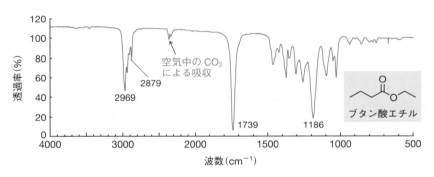

図 3・3　ブタン酸エチルの IR スペクトル（液膜法）　IR スペクトルでは，試料の形態（3・5節）により赤外吸収に与える影響が異なるため，その方法を明記する必要がある

IR スペクトルでは，分子中に −OH，>C=O，−COOR などの"官能基"があれば，**特性吸収帯**とよばれる官能基に特有の吸収を示すため，どのような官能基が存在するかを判別できる（3・2・2節および3・3節参照）.

"吸収がない"ことも重要な情報！

たとえば，図3・3に示したブタン酸エチルの IR スペクトルから得られる有用な情報として，2900 cm^{-1} 付近の中程度の吸収，1739 cm^{-1} および 1186 cm^{-1} の強く鋭い吸収があげられる. さらに，同じ程度に有用な情報は，4000〜3000 cm^{-1} および 2800〜1800 cm^{-1} の領域に"吸収がない"ことである. 以上のように，IR スペクトルから，「どのような官能基があり」，「どのような官能基がない」という情報が得られる.

> 官能基あり！
>
> 　2900 cm⁻¹ 付近: アルキル基 (C−H 伸縮振動)
>
> 　1739 cm⁻¹: エステル (C=O 伸縮振動)
>
> 　1186 cm⁻¹: エステル (C−C(=O)−O 逆対称伸縮振動)
>
> 官能基なし！
>
> 　C−H 結合を有する C=C，C≡C 結合，ヒドロキシ基，第一級・第二級アミノ
> 基，芳香環などがない

　このような情報には，"確実"，"たぶん"，"いくつかの可能性" など信頼度に差があり，MS，NMR，UV-vis などから得られる情報とあわせて最終的な結論を導くことになる．

3・2・2　赤外スペクトルにおける二つの領域: 特性吸収帯と指紋領域

　おもな官能基の "特性吸収帯" の位置をチャート 3・1 に示す．特性吸収帯はおもに 4000 cm⁻¹ から 1500 cm⁻¹ の領域に現れる．1500 cm⁻¹ より低波数側に現れる特性吸収帯もあるが，この領域には分子内のさまざまな振動（おもに単結合の伸縮振動とさまざまな変角振動）が重なり合って現れるので，官能基の判別よりもその分子に固有の吸収パターンとしてひとまとまりで見ることができる．そのため**指紋領域**とよばれ，分子の同定の確認に使われることが多い．

たとえば，図3・3における 1186 cm⁻¹ の吸収帯など．

指紋領域
（fingerprint region）

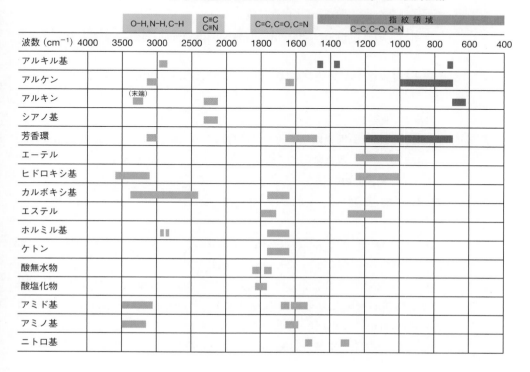

チャート 3・1　**おもな官能基の特性吸収帯**　■は伸縮振動，■は変角振動

3・3 赤外スペクトルの解析: おもな特性吸収帯を見てみよう

IRスペクトルでは，4000 cm^{-1}から2000 cm^{-1}までの波数領域は間延びしたものになるので，通常，2分の1の幅に圧縮して表示する．なお，チャート3・1では5分の2にしてある．

以下，スペクトル解析に特に有用な特性吸収帯について，次々ページ以降の図3・4に示した各スペクトルと照らし合わせながら，高波数側に現れるものから順に説明する．

3・3・1 O−H伸縮振動およびN−H伸縮振動

O−H伸縮振動

水素結合 (hydrogen bond)
酸素原子や窒素原子など電気陰性度が大きい原子Xに結合した水素原子Hは，その結合の電子がX原子に引き寄せられ，酸性度が強くなる（δ＋）．このような水素原子と，別の電気陰性度が大きい原子Yの非共有電子対が，"分子内"あるいは"分子間"で共有結合の10％以下程度の強度の結合を形成するとき，これを"水素結合"という．一般にX−H⋯Yの形で表される．

水素結合の形成によって，吸収波数やピークの形が変わる．水素結合が形成されるとO−H結合が弱くなり，吸収は低波数側に移動する．水素結合の形成は測定条件や試料調製法（3・5節参照）に依存する．また試料調製などの際に，試料が空気中の水分を吸収すると水分子のO−H伸縮振動による吸収が同じ領域に現れることがあるので注意が必要である．

> 水素結合の形成なし: 気相中や無極性溶媒中の希薄溶液 —— 吸収が鋭い
> 水素結合の形成あり: 固体状態や液膜，濃厚溶液 —— 吸収が幅広い

水素結合の形成により吸収が幅広くなるのは，さまざまな程度で水素結合が形成されているためである．溶液の濃度が低くなると，"分子間"水素結合では水素結合しないOHが増加して鋭い吸収が目立つようになるが"分子内"水素結合では吸収にあまり変化は見られない．

ヒドロキシ基（アルコールおよびフェノール）

水素結合なし: 3600 cm^{-1}付近に鋭い吸収

水素結合あり: 3550〜3200 cm^{-1}に強く幅広い吸収（図3・4(a)；1-ブタノール）

水素結合のない鋭い吸収のほうが，水素結合のある幅広い吸収より高波数側に現れる．

カルボン酸

… 水素結合
カルボン酸二量体

希薄溶液でない場合は分子間水素結合による二量体を形成．3400〜2400 cm^{-1}に，比較的強く，非常に幅広くなだらかな吸収（図3・4(b)；ブタン酸）．一般にC−H伸縮振動の吸収などと重なって現れる．

N−H伸縮振動

アミン

N−HはO−Hと比べると水素結合を形成しにくいので，O−Hの場合ほど幅広くなく弱い吸収が3500〜3300 cm^{-1}に現れる．

第一級（RNH$_2$）: 水素原子が二つあるので，N−H伸縮振動には水分子と同様に逆対称伸縮振動と対称伸縮振動があり，それぞれ3500〜3400 cm^{-1}および3400〜3300 cm^{-1}に現れる（図3・4(c)；2-メトキシアニリン）

第二級（R$_2$NH）: 3500〜3400 cm^{-1}に1本の吸収

第三級 (R$_3$N): 吸収なし (N−H 結合がない)

アミド

アミンとほぼ同じ領域に比較的強く幅広い吸収が現れる. 水素結合の程度 (C=O⋯H−N) により吸収波数が変化する.

第一級 (RCONH$_2$): 第一級アミンと同様に逆対称伸縮と対称伸縮による 2 本の吸収があり, それぞれ 3350 cm^{-1} 付近と 3200 cm^{-1} 付近に現れる (図 3・4(d); ブタンアミド)

第二級 (RCONHR'): CO および NH の間の結合に二重結合性があるので ("共鳴構造"), トランス形とシス形において異なる位置に現れるが, 通常, トランス形が主である. 第二級アミドでは, 3300 cm^{-1} 付近の強い吸収に加えて 3100 cm^{-1} 付近に中程度の吸収が現れる. これらの吸収は N−H 伸縮振動とアミド II 吸収帯 (3・3・4 節) の倍音との "フェルミ共鳴" による.

第三級 (RCONR'R''): 吸収なし (N−H 結合がない)

3・3・2　C−H 伸縮振動

C−H 結合の伸縮振動の吸収波数は, 炭素原子の混成状態によって変わる. C−H 結合を形成する炭素原子の混成軌道の s 性が増大 (sp^3<sp^2<sp) すると C−H 結合が強くなり, 吸収波数は高波数側に移動する. また, C−H 結合の数が多いほど, 吸収は強くなる.

sp 炭素: 末端アルキン (R−C≡C−H) の場合は 3300 cm^{-1} 付近に強く鋭い吸収 (図 3・4(e); 1-ペンチン)

sp^2 炭素 (芳香環を含む): 3100〜3000 cm^{-1} に吸収 (図 3・4(f); アセトフェノン, 図 3・4(g); 6-ブロモ-1-ヘキセン)

sp^3 炭素: 2980〜2850 cm^{-1} に吸収 (たとえば図 3・4(h); ヌジョール)

3000 cm^{-1} を明確な境界として

高波数側: C(sp)−H (末端アルキン), C(sp^2)−H (アルケン, 芳香族)

低波数側: C(sp^3)−H (アルカン (アルキル基))

アルデヒド

通常のアルデヒドでは, 2800 cm^{-1} 付近と 2700 cm^{-1} 付近に一つずつ中程度の特徴的な吸収が現れる (図 3・4(i); ブタナール). 二つの吸収が現れるのは, C−H 伸縮振動と C−H 変角振動の倍音との "フェルミ共鳴" (3・3・1 節) による. 2800 cm^{-1} 付近の吸収は C(sp^3)−H 伸縮振動の吸収に埋もれることもあるが, 通常 2700 cm^{-1} 付近の吸収は他の吸収と重ならず, カルボニル基の伸縮振動 (3・3・4 節) による吸収があればホルミル基の存在が強く示唆され, アルデヒドである有力な証拠となる.

共鳴構造については 3・3・4 節の側注参照.

"倍音" (ある基準振動の 2 倍の波数をもつ) あるいは "結合音" (二つの基準振動の波数の和をもつ) の波数が別の基準振動の波数と非常に近い場合に, これらの振動の間で相互作用が起こることがある. これを "フェルミ共鳴" といい, 本来の基準振動の高波数側と低波数側に分かれて二つの吸収が現れ, 振動強度が増大する.

C(sp^3)−H 伸縮振動による吸収は, 複数に分かれることがある. これはメチル基とメチレン基, さらには対称伸縮と逆対称伸縮の違いによる.

（a）1-ブタノール

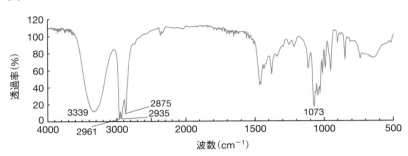

波数（cm^{-1}）：3339；O−H 伸縮振動（分子間水素結合）．2961, 2935, 2875；C−H 伸縮振動（CH$_3$, CH$_2$, 逆対称伸縮・対称伸縮）．1073；C−O 伸縮振動

（b）ブタン酸

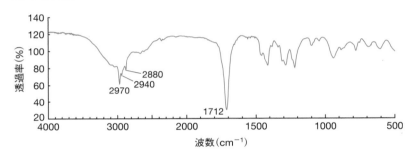

波数（cm^{-1}）：3400〜2400 の非常に幅広い吸収；O−H 伸縮振動．2970, 2940, 2880；C−H 伸縮振動（CH$_3$, CH$_2$, 逆対称伸縮・対称伸縮）．1712；C=O 伸縮振動

（c）2-メトキシアニリン

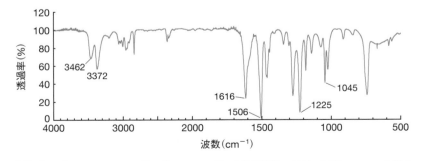

波数（cm^{-1}）：3462, 3372；第一級アミンの N−H 伸縮振動．3100〜3000；フェニル基の C−H 伸縮振動．2900〜2800；メチル基の C−H 伸縮振動．1616, 1506；芳香環 C=C 伸縮振動．1225, 1045；C−O−C 逆対称伸縮・対称伸縮

図 3・4　IR スペクトルの例（液膜法）

（d）ブタンアミド

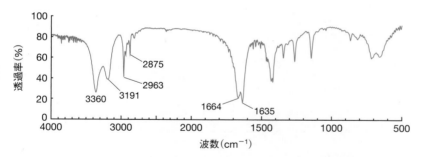

波数（cm⁻¹）: 3360, 3191; N−H 伸縮振動. 2963, 2875; C−H 伸縮振動（CH₃, CH₂, 逆対称伸縮・対称伸縮）. 1664; アミド I 吸収帯. 1635; アミド II 吸収帯

（e）1-ペンチン

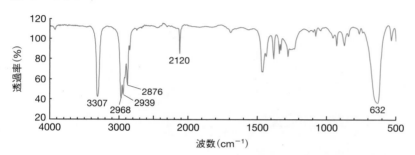

波数（cm⁻¹）: 3307; 末端アルキン C−H 伸縮振動. 2968, 2939, 2876; C−H 伸縮振動（CH₃, CH₂, 逆対称伸縮・対称伸縮）. 2120; C≡C 伸縮振動. 632; アルキン C≡C−H 変角振動

（f）アセトフェノン

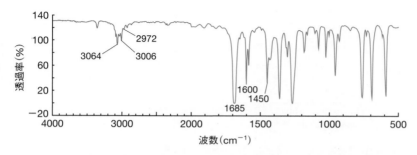

波数（cm⁻¹）: 3064, 3006; 芳香族 C−H 伸縮振動. 2972; メチル基の C−H 伸縮振動. 1685; C=O 伸縮振動. 1600, 1450; 芳香環 C=C 伸縮振動

図 3・4　IR スペクトルの例（液膜法）

(g) 6-ブロモ-1-ヘキセン

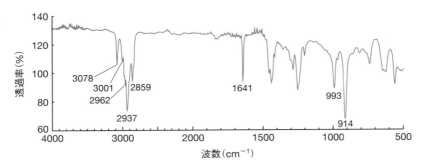

波数（cm⁻¹）：3078, 3001；二重結合 C–H 伸縮振動. 2962, 2937, 2859；メチレン基の C–H 伸縮振動. 1641；C=C 伸縮振動. 993, 914；二重結合 C–H 面外変角

(h) ヌジョール

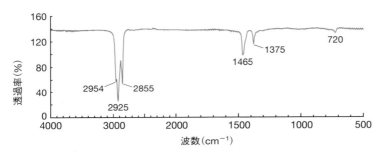

ヌジョールは高沸点飽和炭化水素であり，固体試料を分散させるマトリックスとして用いられる（3・5・1 節参照）.

波数（cm⁻¹）：3000〜2800；C–H 伸縮振動（CH₃, CH₂, 逆対称伸縮・対称伸縮）. 1465, 1375, 720；C–H 変角振動（CH₃, CH₂, 逆対称変角・対称変角）.

(i) ブタナール

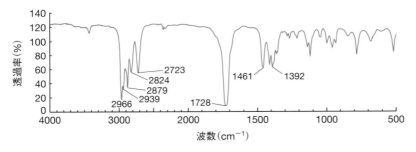

波数（cm⁻¹）：2966, 2939, 2879；C–H 伸縮振動（CH₃, CH₂, 逆対称伸縮・対称伸縮）. 2824, 2723；ホルミル基の C–H 伸縮振動（C–H 変角振動の倍音とのフェルミ共鳴）. 1728；C=O 伸縮振動. 1461, 1392；C–H 変角振動

図 3・4　IR スペクトルの例（液膜法）

(j) ブタンニトリル

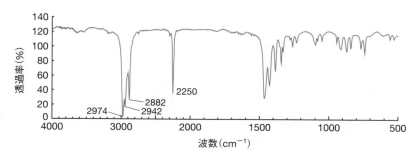

波数 (cm^{-1}): 2974, 2942, 2882; C−H 伸縮振動 (CH$_3$, CH$_2$, 逆対称伸縮・対称伸縮).
2250; C≡N 伸縮振動

(k) ブタン-2-オン

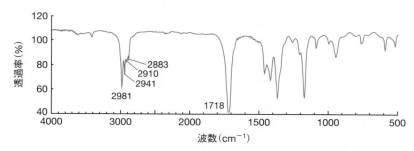

波数 (cm^{-1}): 2981, 2941, 2910, 2883; C−H 伸縮振動 (CH$_3$, CH$_2$, 逆対称伸縮・対称
伸縮). 1718; C=O 伸縮振動

(l) 酢酸エチル

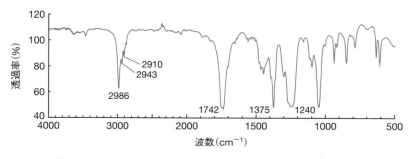

波数 (cm^{-1}): 2986, 2943, 2910; C−H 伸縮振動 (CH$_3$, CH$_2$, 逆対称伸縮・対称伸縮).
1742; C=O 伸縮振動. 1240; C−CO−O 逆対称伸縮振動

図 3・4 IR スペクトルの例 (液膜法)

3・3・3　C≡C および C≡N 伸縮振動

2300〜2100 cm^{-1} に鋭い吸収が現れ，ほかに重なる吸収がほとんどないため，三重結合の存在を示唆する重要な吸収帯である．特に C≡N 結合は比較的強い吸収を示し，NMR において区別や検出がしにくいため，有力な証拠となる（図3・4(j)；ブタンニトリル）．

内部アルキンの C≡C 結合の二つの炭素原子は電子的な環境がほぼ同じであるため，伸縮振動による双極子モーメントの変化が非常に小さい．

　内部アルキン（R−C≡C−R′）は対称性が良いので吸収は弱いが，末端アルキン（R−C≡C−H）は中程度の吸収を示し，前に述べた C(sp)−H 伸縮振動による吸収とあわせて確認できる．図3・4(e) の 1-ペンチンの IR スペクトルでは，それぞれ 2120 cm^{-1} および 3307 cm^{-1} に鋭い吸収が見られる．

3・3・4　C=O 伸 縮 振 動

C=O 伸縮振動は 1800〜1600 cm^{-1} に現れ，"最も強く鋭い"吸収の一つであり，カルボニル基の存在を確認できる有用な吸収帯である．

カルボニル基をもつ化合物には，ケトン，アルデヒド，エステル，カルボン酸，酸無水物，酸塩化物，アミドなど，多くの化合物がある．

飽和直鎖状ケトンおよびひずみのない環状ケトン

1715 cm^{-1} 付近に吸収が現れ（図3・4(k)；ブタン-2-オン），この値を基準として C=O 基の環境の変化により吸収波数が増減する．

飽和直鎖状のカルボニル化合物

カルボニル基の隣の炭素に電子求引基が置換した場合も，吸収が高波数側に移動する．

　飽和直鎖状ケトン（RR′C=O）のアルキル基を電気陰性度の大きいハロゲンや酸素原子（OH，OR）などで置換すると（酸ハロゲン化物，カルボン酸，エステル），C=O 基の炭素原子の電子をさらに引きつけ，下図に示した双性イオン性の"共鳴構造"を不安定化させるために，

不安定化

C=O 基の二重結合性が大きくなり，吸収は"高波数側"に移動する．

　アルデヒド：1740〜1720 cm^{-1} に吸収（図3・4(i)；ブタナール）

エステルの他の特性吸収帯については 3・3・6 節参照．

　エステル：1740 cm^{-1} 付近（図3・4(l)；酢酸エチルおよび図3・3；ブタン酸エチル）

　カルボン酸：単量体で 1760 cm^{-1} 付近．ただし，水素結合の形式によって低波数側に移動し，二量体では 1720〜1700 cm^{-1} に吸収が現れる（図3・4(b)）．

水素結合の影響については 3・3・1 節参照．

また，分子内水素結合の場合，さらに低波数側に吸収が現れる．

　酸塩化物および酸無水物：1800 cm^{-1} 付近．ただし，酸無水物は 2 本（高波数側に逆対称伸縮，低波数側に対称伸縮）

飽和環状ケトンおよび飽和ラクトン

　6 員環およびそれより大きい場合，飽和直鎖状の場合とほぼ同様である．一方，6 員環より小さい場合は，結合角のひずみにより，C−C 伸縮振動との相互作用が大きくなり C=O 伸縮振動に必要なエネルギーが増大する．このため，環が小

さくなるほど"高波数側"に吸収が移動する.

飽和環状ケトン

1717 cm^{-1}　1745 cm^{-1}　1785 cm^{-1}

飽和ラクトン

1730 cm^{-1}　1770 cm^{-1}　1825 cm^{-1}

アセトフェノンの場合,下図のような双性イオン性の"共鳴構造"の寄与によりC=O二重結合が少し単結合性を帯びるため,結合の強度が弱まり,低波数側に移動する.

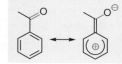

また, カルボニル基が多重結合や芳香環と共役すると, 右図の双性イオン性の"共鳴構造"の寄与によりC=Oの二重結合性が弱くなり, 20〜40 cm^{-1} くらい低波数側に現れる. 図3・4(f) に示したアセトフェノンはカルボニル基がベンゼン環と共役しており, 1685 cm^{-1} に吸収が現れ, 通常のケトンよりも約30 cm^{-1} 低波数側に移動している.

アミド

特徴的な"二つ"の吸収帯が現れる. アミド結合はN原子上の非共有電子対がカルボニル基に引きつけられるため, C=O二重結合性が弱くなり (右図の双性イオン性の"共鳴構造"の寄与), 1700 cm^{-1} より低波数側に現れる. 直鎖状アミドのC=O伸縮振動は1650 cm^{-1} 付近に現れる. これをアミドI吸収帯という. 図3・4(d) のブタンアミドでは, 1664 cm^{-1} にアミドI吸収帯が見られる.

第一級アミド (RCONH$_2$) および第二級アミド (RCONHR′) には, アミドI吸収帯に加えてアミドII吸収帯という特性吸収がある. 第一級アミドではアミドI吸収帯に近い1650〜1620 cm^{-1} に, 第二級アミドでは1540 cm^{-1} 付近に現れる. アミドII吸収帯は, N−H変角振動とC−N伸縮振動との相互作用によるものである. 第一級のブタンアミド (図3・4(d)) では1635 cm^{-1} にアミドII吸収帯が見られる.

3・3・5　C=C 伸縮振動

アルケン

1670〜1640 cm^{-1} に吸収が現れるが, 電子的な対称性が良い (振動による双極子モーメントの変化が小さい) ので, C=O伸縮振動より吸収が弱い. 末端アルケンは対称性が悪いので, 吸収は比較的強い. 図3・4(g) の6-ブロモ-1-ヘキセンでは1641 cm^{-1} に鋭い吸収が見られる.

芳香環

1650〜1450 cm^{-1} に中程度のC=C伸縮振動の吸収が複数本現れる. 図3・4(c) の2-メトキシアニリンでは1616 cm^{-1} と1506 cm^{-1} に, 図3・4(f) のアセトフェノンでは1600 cm^{-1} と1450 cm^{-1} に吸収がある.

C=C伸縮振動は, 他の二重結合や三重結合, 芳香環と共役した場合, 30 cm^{-1} ほど低波数側に複数の吸収帯として現れる. また, ケトンやアルデヒドなどのC=O基と共役すると, 20 cm^{-1} ほど低波数側に移動する.

3・3・6 その他の有用な特性吸収帯

C−O 伸 縮 振 動

アルコール

1260〜1000 cm^{-1} に強い吸収が現れ，その波数はアルコールの型により異なる．たとえば，飽和アルコールの場合は，高波数側より第三級＞第二級＞第一級の順で現れる（図3・4(a)）．

エーテル

C−O−C 伸縮振動による吸収が，アルコールの C−O 伸縮振動とほぼ同じ領域にある．直鎖状エーテルでは，1150〜1085 cm^{-1} に逆対称伸縮による強い吸収が現れる（たとえば，ジエチルエーテルでは 1140 cm^{-1} 付近）．芳香族アルキルエーテル（Ph−O−R）では，1250 cm^{-1} 付近に逆対称伸縮による強い吸収が，1050 cm^{-1} 付近に対称伸縮による中程度の吸収が現れる（図3・4(c)）．

エステル

おもに C−C(＝O)−O 逆対称伸縮振動による強い吸収が 1300〜1100 cm^{-1} に現れる．飽和アルコールの酢酸エステルでは 1240 cm^{-1} 付近に（図3・4(l)），ブタン酸エチルでは 1186 cm^{-1} に見られる（図3・3）．

N−O 伸 縮 振 動

ニトロ基（−NO$_2$）における二つの等価な N−O は，逆対称伸縮振動と対称伸縮振動による強く鋭い吸収が現れる．脂肪族ニトロ化合物では，それぞれ 1570〜1550 cm^{-1} と 1380〜1360 cm^{-1} に吸収が現れる．芳香族ニトロ化合物では低波数側に移動し，ニトロベンゼンでは逆対称伸縮が 1530 cm^{-1} 付近に，対称伸縮振動が 1350 cm^{-1} 付近に現れる．

C−H 変 角 振 動

アルカン

直鎖アルカンのメチレン基は，1465 cm^{-1} 付近の面内対称変角振動（図3・4(h)），720 cm^{-1} 付近の面内逆対称変角振動（図3・4(h)）が観測される．図3・2における他の変角振動は 1350〜1150 cm^{-1} に現れるが，通常弱い．

アルカンのメチル基の C−H 変角振動は，1375 cm^{-1} 付近に三つの水素原子が同時に閉じたり開いたりする対称変角振動が現れ，二つが閉じるときに一つが開く逆対称変角振動が 1450 cm^{-1} 付近に現れる（図3・4(h)）．

アルケン

アルケンの C＝C−H 変角振動は，二重結合の面外への変角振動が，おもに 800〜1000 cm^{-1} に現れる．ビニル基は 900〜1000 cm^{-1} に 2 本（図3・4(g)の 993 cm^{-1} と 914 cm^{-1}），1,1-二置換オレフィンは 900 cm^{-1} 付近に 1 本，トランス二置換オレフィンは 1000 cm^{-1} 付近に 1 本，三置換オレフィンは 800 cm^{-1} 付近に 1 本現れる．シス二置換オレフィンだけは低波数で，700 cm^{-1} 付近に 1 本現れる．三置換オレフィン以外は強く観測される．

飽和アルコールの場合の目安として，
第一級：1080〜1030 cm^{-1}
第二級：1130〜1080 cm^{-1}
第三級：1200〜1150 cm^{-1}

一般に，アルキル基をもつ化合物のスペクトルでも同様の吸収が見られる．

アルキン

末端アルキンの C≡C−H 変角振動は，610〜680 cm^{-1} に強く幅広い吸収として現れる（図3・4(e)）.

****

IRスペクトル攻略のポイント

IR スペクトル攻略への近道の一つとして，以下の特性吸収帯に注目するとよい．図3・4と照らし合わせて，吸収の強度や形も確認しよう.

① 3000 cm^{-1} を明確な境界として

　　高波数側：アルキン，アルケン，芳香族の C−H 伸縮振動

　　低波数側：アルカンの C−H 伸縮振動（③ の補足情報も参照のこと）

② 3600〜3100 cm^{-1}

　　アルコールの OH 基：強く幅広い吸収（水素結合の形成）

　　カルボン酸の OH 基：2500 cm^{-1} 付近まで吸収が広がる（C−H 伸縮振動などの吸収と重なるため，吸収の形によってもアルコールとの区別は可能）

　　アミンの NH 基：やや幅広の弱い吸収（第一級は 2 本，第二級は 1 本）

　　アミドの NH 基：比較的強く幅広い吸収（第一級と第二級ともに 2 本現れる.

③ 1800〜1600 cm^{-1}

　　C=O 基による最も強く鋭い吸収．エステル：1740 cm^{-1}，アルデヒド：1740〜1720 cm^{-1}，カルボン酸：1720 cm^{-1}〜1700 cm^{-1}（二量体），ケトン：1715 cm^{-1}（飽和直鎖状およびひずみのない環状）

　　不飽和結合と共役すると 20〜40 cm^{-1} 低波数シフトする.

　　C=C 基による中程度の鋭い吸収.

****

① の補足情報：末端アルキンは 3300 cm^{-1} の強く鋭い吸収，および 2300〜2100 cm^{-1} の中程度の吸収により確認できる.

② の補足情報：③ における C=O 基による最も強く鋭い吸収があればカルボン酸，吸収がなければアルコールである可能性が高い.

③ の補足情報：2700 cm^{-1} 付近に吸収があれば，アルデヒドである可能性が高い．また，エステルは 1300〜1100 cm^{-1} の C−O 伸縮振動でも判別できる場合がある.

3・4 赤外分光装置の概略

IR スペクトルを測定する赤外分光装置には，**分散型**と**フーリエ変換（FT）型**がある．古くは分散型が用いられたが，現在ではほぼ完全に FT 型に置き換わっている．FT-IR 分光装置はおもに光源，干渉計，試料室，検出器からなる．図3・5には（a）FT-IR 分光装置の例と（b）その概略図を示した.

FT-IR は光の干渉を応用する測定法である．光源から放出された赤外光は，干渉計に入りビームスプリッタ（半透鏡）を介して二つに分けられ，固定鏡と移動鏡で反射されてビームスプリッタで再び合成される．このとき，移動鏡を一定の速度で移動させると，ビームスプリッタと固定鏡および移動鏡の間の光路長の差が変化するため，光は互いに干渉し，その干渉光の強度は移動鏡の移動距離，すなわち時間とともに変化する.

フーリエ変換（Fourier transform）については 4・5・3 節を参照.

分散型では，光源からの赤外光を試料に照射して，透過した赤外光を回折格子により分光して，特定の波長の赤外光のみが検出器に送られる．回折格子は回転が可能で，その角度によって検出器に到達する赤外光の波数が変化する.

コリメーター：光源からの光を平行光束にする役割がある．

He-Ne ガスレーザー：移動鏡の位置を正確に測定する役割がある．入射光の波数は移動鏡の移動距離から決まる光路差を基準として読み取ることができる．

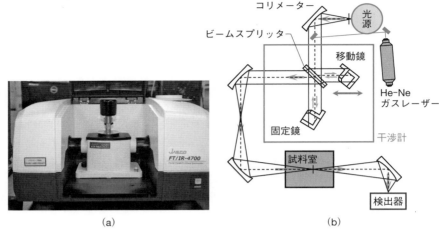

図 3・5　**赤外分光装置**　(a) ATR 測定用試料台（図 3・7 参照）を組込んだ FT-IR 分光光度計，(b) FT-IR 分光装置の概略図．写真および概略図は日本分光株式会社提供

　最初に試料室に試料のない状態（バックグラウンド）で測定を行い，つぎに試料を置いて測定する．FT-IR では，測定する全波数領域の赤外光を同時に照射し，同時に検出する．このとき，試料により特定の波数領域の赤外光が吸収され，時間とともに変化する干渉光の強度変化が検出器で電気信号に変換される．その後，信号がデジタル化されてコンピュータに送られ，"フーリエ変換"によって赤外光の波数ごとの強度データとなり，バックグラウンドの測定データと比較して「どの波数の赤外光がどのくらい吸収されたか」が求められ，試料のIR スペクトルが得られる．

3・5　試 料 調 製

　液体または固体の有機化合物の IR スペクトルを測定する方法には，"透過法"（透過光の測定）と"反射法"（反射光の測定）がある．以下，透過法と反射法における試料調製について解説する．

3・5・1　透過法による測定の試料調製

　透過法では，試料の状態によって調製法を選ぶことができる．

> 液体：液膜法，KBr 錠剤法，KBr プレート法，溶液法
> 固体：ヌジョール法，KBr 錠剤法，KBr プレート法，溶液法

NaCl と KBr は吸湿性が高いので，測定時および保管時に水や水蒸気にできるだけ触れないようにすることが必要である．

　液膜法　液体を 2 枚の窓板の間に挟んで測る

　NaCl，KBr あるいは KRS-5（TlBr と TlI の混晶）などの 2 枚の平滑な結晶（窓板）で液体試料を挟み，薄い液膜をつくって測定する．非常に簡便であり，また

試料の回収も容易である.

ヌジョール法　固体を微粒子にしてヌジョールと混ぜて塗って測る

ヌジョール（Nujol）は赤外吸収が一部の領域に限られているので（図3・4(h)参照）, 多くの化合物の特性吸収をあまり妨害しない. また, 多くの物質と反応せずに混和あるいは溶解ができる. 通常, めのう乳鉢などを使って固体試料をヌジョールと均一に混ぜ合わせてペースト状にして, 液膜法と同様の窓板の間に挟んで測定する.

KBr 錠剤法　液体：混ぜて固めて測る, 固体：微粒子にして混ぜて固めて測る

試料を粉末の KBr と均一に混ぜ合わせ, プレスする装置で加圧すると平滑で透明な錠剤ができる. KBr は 4000～400 cm^{-1} の領域にはまったく吸収がない. ただし, 吸湿性のため, 錠剤の作製中に空気中の水分を吸収し, 水の OH 伸縮振動（3600～3000 cm^{-1} 付近）および変角振動（1600 cm^{-1} 付近）の吸収ピークが観測されることがあるので注意が必要である.

KBr プレート法　液体および固体：2 枚の KBr プレートで挟んで圧着し, 測る

KBr 製の専用ディスポーザブルプレートに試料をのせ, もう 1 枚の同じプレートをかぶせ, KBr 錠剤法と同様に圧着する. 手早く行うことで KBr による吸湿を抑えて試料を調製できるので, KBr 錠剤法では見られる水の吸収ピークが解析の邪魔をしない.

溶液法　液体および固体：溶媒に溶かして測る

試料を溶液にして測定する場合, 用いる溶媒は赤外領域の光をできるだけ吸収しないほうが良い. 分子の対称性が良い CCl$_4$, CS$_2$ およびヘキサクロロブタジエン（HCBD）がよく用いられる. 光を透過する窓をくり抜いた, テフロンや鉛のスペーサーを, 液膜法と同様の窓板の間に挟んでセルを形成し, セルホルダーに取付け, その注入口から溶液を窓板の間に入れて, 本体にセットして測定する（図3・6）. スペーサーの厚さでセルの厚さを変えることができるので, 濃度を低くした場合にセルを厚くして吸収の強度を保つことができる. これは, 分子内水素結合（希薄溶液でも吸収強度があまり変わらない）と分子間水素結合（希薄溶液では吸収強度が弱くなる）を判別するときに有用である（3・3・1節参照）.

ヌジョールは室温で液体の高沸点飽和炭化水素の混合物（流動パラフィン）のこと.

ヌジョールの吸収帯に試料の吸収帯が重なるときは, 吸収帯の異なるヘキサクロロブタジエンをヌジョールの代わりに用いることがある.

特に 3600～3000 cm^{-1} 付近の吸収はヒドロキシ基の吸収と紛らわしい. このため, KBr 錠剤法によって得たスペクトルによっては, ヒドロキシ基の有無について判断できない. 一方, KBr プレート法であれば判断できる.

CCl$_4$ および HCBD を用いた場合は 4000 cm^{-1} から 1600 cm^{-1} 前後まで, CS$_2$ を用いた場合は 4000 cm^{-1} から 2400 cm^{-1} 付近まで（および 1300 cm^{-1} 付近より低波数側）ほぼ吸収がないので, ヒドロキシ基の有無や C-H 伸縮振動の詳細を知るために用いることができる. また, これらの溶媒と反応する試料の測定には用いられない. たとえば, 第一級, 第二級アミンは CS$_2$ と反応する.

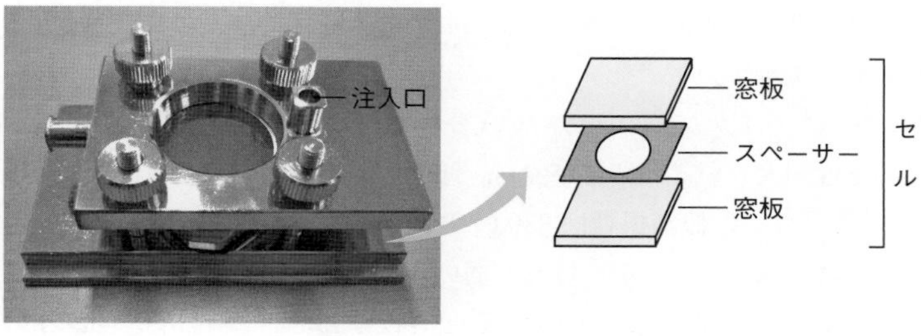

図 3・6　**セルホルダー**

3・5・2 反射法による測定の試料調製

ATR 法
(attenuated total reflection)

反射法は **ATR 法**（全反射測定法）とよばれる方法が最もよく使われている．

| ATR 法 | 液体および固体：プリズムに載せて測る |

屈折率の大きい物質（ダイヤモンド，ZnSe，Ge など）による台形のプリズムを用い，試料をプリズム上（試料台）に置き，赤外光をプリズム内に全反射が起こる条件で導入する．赤外光はプリズム内を全反射して進行するが，試料内部に数 µm 程度にじみ出し（エバネッセント光という），試料に特有の波長領域で吸収され，その吸収により減衰した反射光を測定する（図3・7）．試料をプリズム上に置くだけで測定できるので，測定が簡便である．

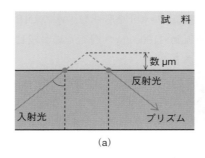
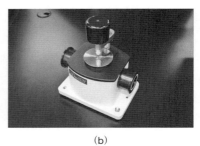

(a)　　　　　　　　　　　　　　　(b)

図 3・7 **ATR 法**　(a) その原理，(b) ATR 測定用試料台．写真は日本分光株式会社提供

練 習 問 題

3・1　下記 ①〜⑩ の文について正誤を判定せよ．また，誤りがあるものについてはその箇所を指摘し，訂正せよ．

① 赤外分光法では，原子どうしの結合が関わる振動についての情報がスペクトルとして得られるので，分子を構成する原子の組成が明らかになる．

② 赤外分光法において吸収が強く観測されるのは，双極子モーメントが大きく変化する振動である．

③ IR スペクトルの縦軸は透過率（%）で表され，赤外光をまったく吸収しないときが 0 % に，完全に吸収したときが 100 % になる．

④ ヒドロキシ基をもつ分子が分子内または分子間で水素結合を形成すると，そのヒドロキシ基の酸素原子と水素原子の間の結合が強くなり，高波数側にシフトして鋭い吸収を示す．

⑤ アルキン，アルケン，アルカンの C–H 結合は，結合を形成する炭素側の混成軌道の s 性が大きいほど結合が強く，低エネルギー側（低波数側）で吸収する．

⑥ アルキンの C≡C 伸縮振動は 2300〜2100 cm^{-1} に現れ，吸収強度は一般に末端アルキンより内部アルキンのほうが弱い．

⑦ カルボニル基が多重結合や芳香環と共役すると，共鳴構造の寄与のために C=O の二重結合性が強くなり，吸収が高波数側に移動する．

⑧ 第一級アミドでは 1700～1500 cm⁻¹ にアミド I 吸収帯とアミド II 吸収帯が現れるが，第二級アミドと第三級アミドではアミド I 吸収帯しか現れない.

⑨ アルケンの C=C 伸縮振動は 1670～1640 cm⁻¹ に現れるが，通常 C=O 伸縮振動より吸収が弱い.

⑩ KBr 錠剤法で測定を行ったら，3500 cm⁻¹ 付近になだらかな吸収があったので，この化合物にはヒドロキシ基あるいはカルボキシ基があると判断した.

3・2 下記 ①～③ の組に示す，脂肪族化合物の伸縮振動について高波数側に現れるものから順に並べよ. 着目している官能基以外は飽和直鎖脂肪族であるとして考えよ.

① a) アルカンの C−H 伸縮振動
　 b) 末端アルキンの C−H 伸縮振動
　 c) アルコールの O−H 伸縮振動（水素結合なし）
　 d) アルデヒドの C−H 伸縮振動

② a) アルキンの C≡C 伸縮振動
　 b) アルケンの C=C 伸縮振動

③ a) ケトンの C=O 伸縮振動
　 b) エステルの C=O 伸縮振動
　 c) 第一級アミドの C=O 伸縮振動
　 d) アルデヒドの C=O 伸縮振動

3・3 つぎの IR スペクトル（液膜法）を示す化合物（分子式 C_5H_8O）は何か. 以下の設問に従って考察し，さらに本書の記述を参考にして構造を推定せよ.

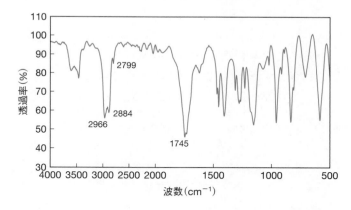

3500 cm⁻¹ 付近のやや強い吸収は，カルボニル基の 1745 cm⁻¹ の吸収の倍音であり，OH 伸縮振動によるものではない.

1) この化合物はアルコール，エーテル，アルデヒドでなく，ケトンであると推定できる. IR スペクトルの特性吸収帯と分子式に基づいて，その理由を三つあげよ.

2) p.15 の(2・1)式より，不飽和度は 2 である. そのため C=O 基のほかに，二重結合あるいは環構造をもつことが考えられる. この化合物が不飽和ケトンではなく，飽和環状ケトンであると推定できる理由をあげよ.

3) 飽和環状ケトンでは，C=O 伸縮振動による吸収波数と環の大きさにどのような関係があるか，その理由とあわせて述べよ. また，分子式 C_5H_8O をもつ飽和環状ケトンのうち，C=O 基による吸収が最も低波数側に現れる化合物は何か.

4 核磁気共鳴分光法

核磁気共鳴分光法（NMR 分光法）は有機化合物の構造解析において最も有力な手法であり，しばしば単独でも分子構造の決定が可能となる．ここでは，その基本原理や得られる情報の種類，スペクトルの解析の仕方を中心に見てみよう．

4・1 核磁気共鳴分光法の特徴

核磁気共鳴分光法（nuclear magnetic resonance spectroscopy）：NMR 分光法ともいう．

　核磁気共鳴分光法（**NMR 分光法**）は，1 章でも述べたように，分子や結晶に含まれる原子の核の磁気的性質を用いた手法であり，核の置かれた環境，核どうしの結合などの情報，さらにはこれらを組合わせることで分子全体についての情報も得られる．このため，NMR は合成された一般的な有機化合物や高分子化合物，タンパク質のような巨大分子の構造解析，さらには植物や医薬品中の成分の分析など，さまざまな分野で利用されている．

　また，NMR には試料を溶液にして測定する方法と固体状態のまま測定する方法があり，それぞれの原理や手法は大きく異なる．一般に，有機化合物の構造解析では溶液状態で測定するため，この章では溶液 NMR を中心に解説する．これから学ぶに当たって重要な事項をまとめると，以下のようになる．

これらの事項以外にも，原子や分子の運動性や，結晶構造に関する情報などを得ることができる．

> NMR スペクトル ⇒ 原子の同位体ごとに得られるスペクトル
> └→ 化学シフト ⇒ NMR スペクトルに現れる信号（シグナル）の横軸の位置
> 　　・その核の周囲にある原子や原子団（官能基）の情報が得られる
> 　└→ 積分比 ⇒ これらのシグナルの面積比
> 　　・その核の存在比（定量性）がわかる
> 　└→ スピン結合 ⇒ これらのシグナルの分裂
> 　　・その核と周囲の核との結合（共有結合）によって分裂する
> 　└→ NOE ⇒ （特殊な測定法によって得られる）シグナルの強度変化
> 　　・その核と周囲の核との空間的な距離の情報が示される
>
> 二次元 NMR スペクトル ⇒ 複数のスペクトルに対して，スピン結合，NOE などの情報を加えて出力したスペクトル
> 　・各 NMR スペクトルに現れるシグナルどうしの"相関"などを解析し，多様な情報が得られる

4・2　NMRの基本原理

1・3・3節でも述べたように，NMR分光法は磁場と核スピンの相互作用に基づく手法である．よって，NMRにより観測される核種，つまりNMR活性となるのは，核スピンをもつ（核スピン量子数 I がゼロでない）ものに限定される（表4・1参照）．

ここでは，特に有機化合物の構造解析に重要である ^{1}H 核（プロトン）を対象とするNMR分光法（**^{1}H NMR 分光法**）の基本原理を中心に見ていこう．^{1}H 核は $I = 1/2$ の値をもつためNMR活性であり，小さな磁石として働く．NMR活性がある原子核が超伝導磁石により発生した静磁場の中に置かれると，核スピンの向きが異なるエネルギー状態に分裂する．磁場中では，核スピンのエネルギー準位が $2I+1$ 通りに分裂するので，^{1}H 核では2種類のエネルギーをもつ（ゼーマン分裂，図1・5参照）．このエネルギー差 ΔE に相当する，ラジオ波からマイクロ波領域の特定の電磁波を照射して核がエネルギーを吸収することで，核スピンが励起される．このような現象を**共鳴**とよぶ．NMRでは，励起された核スピンが元の状態に戻る"緩和"の過程を観測する．

ゼーマン分裂で生じたエネルギー差 ΔE は静磁場の強度 B_0 に比例し，つぎの式で表される．

$$\Delta E = \gamma \cdot \frac{h}{2\pi} \cdot B_0 \qquad (4 \cdot 1)$$

ここで，h はプランク定数である．また，γ は磁気回転比とよばれ，核により固有の値をもつ（表4・1）．

表 4・1　NMR活性および共鳴周波数，実効感度

核種	核スピン量子数 I	NMR活性	磁気回転比 γ[†] $(10^7\ \mathrm{rad\ s^{-1}\ T^{-1}})$	磁場 11.7433 T における共鳴周波数 (MHz)	^{13}C を基準とした実効感度[†]
^{1}H	1/2	○	26.7522208	500.0	5.87×10^3
^{2}H	1	○	4.10662919	76.75	6.52×10^{-3}
^{12}C	0	×	—	—	—
^{13}C	1/2	○	6.728286	125.8	1
^{14}N	1	○	1.9337798	36.14	5.90
^{15}N	1/2	○	−2.7126189	50.70	2.23×10^{-2}
^{16}O	0	×	—	—	—
^{17}O	5/2	○	−3.62806	67.81	6.50×10^{-2}
^{19}F	1/2	○	25.16233	470.3	4.89×10^3
^{29}Si	1/2	○	−5.31903	99.41	2.16
^{31}P	1/2	○	10.8394	202.6	3.91×10^2

† 磁気回転比および感度については，BRUKER社のAlmanac 2014より引用．実効感度における青色の数値は ^{13}C より感度が低いものを示した．I が 1/2 でない核は線幅が広がるが，感度にはそれが考慮されていないので，実効感度よりさらに低下することがある．

詳細は物理化学の教科書に譲るが，核スピンは量子力学的な現象であり，磁場に対する核スピンの向き（状態）はスピン量子数 I により規定される．

NMRでは水素の場合は ^{1}H の原子核，すなわち陽子（プロトン ^{1}H$^+$ と同じ）を対象とするので，プロトンいう用語もしばしば使用される．本章では煩雑さを避けるために，^{1}H 核を用いることにする．

共鳴（resonance）

原子番号と質量数の少なくともどちらか奇数である核種は，核スピン量子数 I が整数あるいは半整数となり，NMR活性をもつ．

照射する電磁波のエネルギー $h\nu$ が ΔE と一致した場合，核による電磁波の吸収が起こる．

$$h\nu = \frac{\gamma h}{2\pi} \cdot B_0 \tag{4・2}$$

よって，NMR の共鳴条件は，**共鳴周波数** ν により，以下のように表される．

$$\nu = \frac{\gamma B_0}{2\pi} \tag{4・3}$$

この式から，共鳴周波数は磁気回転比と静磁場の強度に比例することがわかる．

　現在の NMR 装置では静磁場を固定して測定するため，磁気回転比の違いにより，観測する核によって共鳴周波数も異なる（表 4・1）．通常，NMR 装置の規模は，静磁場の強度ではなく共鳴周波数で表されることが多い．たとえば，静磁場の強度が 11.7 T（テスラ）のとき，^1H 核を測定する場合は共鳴周波数が約 500 MHz となり，^{13}C 核を測定する場合は，^{13}C 核の磁気回転比が ^1H 核の約 1/4 であるため，共鳴周波数は約 126 MHz となる．また，NMR 測定における感度は磁気回転比と天然存在比などに依存する．^{13}C の天然存在比は小さいため，その実効感度は ^1H の場合と比べて著しく低くなる（表 4・1 参照）．

共鳴周波数
（resonance frequency）

NMR で照射する電磁波は，ほとんどラジオ波である．しかし，静磁場の強度 B_0 が高いときに，ラジオ波ではなく，よりエネルギーの大きな"マイクロ波"を照射する必要がある．

実効感度は $|\gamma|^3 \cdot I(I+1) \cdot N$ から求められる．ここで，N は同位体の天然存在比である．

4・3　^1H NMR スペクトルの概要

　ここでは，^1H NMR スペクトルから得られる三つの重要な情報について簡単に見てみよう．図 4・1 は $CDCl_3$ 中におけるブタン酸エチルの ^1H NMR スペク

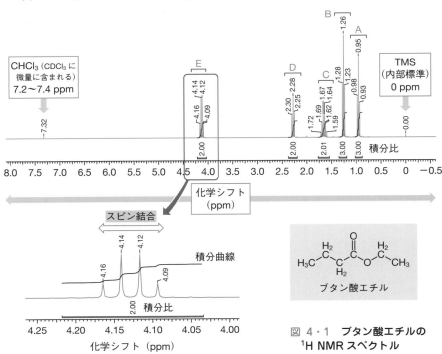

図 4・1　ブタン酸エチルの ^1H NMR スペクトル

トルである．縦軸はシグナル（信号）の強度を表す．また，横軸は化学シフトとよばれ，シグナルの位置を示す．化学シフトの値は無次元量であり，ppm（100万分の 1）のスケールで表される（4・4・1 節参照）．

ppm: parts per million

> **化学シフト**：^1H 核の周囲に結合する原子団（官能基）の違い，つまり化学的環境の違いによって，シグナルの位置がシフトする．図 4・1 には五つのシグナルが観測され，各シグナル A〜E は 5 種類の ^1H 核があることを示している．
>
> **積分比**：各シグナルの面積は，その化学シフトに帰属される ^1H 核の個数に比例する．階段状の曲線（**積分曲線**）として表すこともでき，その高さはシグナルの面積を表す．積分比の解析により，同じ環境にある ^1H 核の数の比が推定できる．
>
> **スピン結合**：各シグナルは複数の線に分裂している．これはその化学シフトのシグナルに帰属される ^1H 核に近接して結合している ^1H 核との核スピン相互作用により生じ，分裂した線の数や幅から相互作用する ^1H 核の数や部分構造がわかる．

これらの情報についての詳細は，以下の節でそれぞれ具体的に解説する．

化学シフト⇒4・4・1 節〜
　4・4・5 節
積分比⇒4・4・6 節
スピン結合⇒4・4・7 節

4・4　NMR スペクトルから得られる情報

4・4・1　化学シフトとは

4・2 節において，核の種類によって共鳴周波数が異なることを見てきた．しかしながら，同一の核種であっても核を取巻く電子の影響によって，共鳴周波数にわずかな差が生じ，スペクトルに現れるシグナルは区別して観測できる．

原子を静磁場中に置くと，核のまわりを円運動する電子により電流が生じ，静磁場とは反対向きの磁場を誘起する（図 4・2）．このため，核が実際に感じる磁場は静磁場に比べて弱くなる．この現象を**遮へい**といい，遮へいの程度は**遮へい定数** σ で表される．誘起された磁場の強度は静磁場強度に比例するので $-\sigma B_0$ で表され，核が実際に感じる磁場は $B_0(1-\sigma)$ となる．よって，電子による遮へいを考慮した共鳴周波数 ν は (4・3) 式を書き換えると，次の式のようになる．

遮へい（shielding）

遮へい定数
（shielding constant）

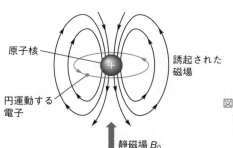

原子核

誘起された磁場

円運動する電子

静磁場 B_0

図 4・2　円運動する電子により誘起された磁場　核が実際に感じる磁場は遮へいにより静磁場に比べて弱くなる

$$\nu = \frac{\gamma}{2\pi} \cdot B_0(1 - \sigma) \qquad (4 \cdot 4)$$

遮へい定数 σ は核のまわりの電子密度などの"化学的環境"に依存し（4・4・3節参照），電子密度が高いと遮へいは大きく，電子密度が低いと遮へいは小さくなる．誘起磁場の大きさは静磁場と比べてはるかに小さく，遮へい定数の大きさは ^{1}H 核の場合，$10^{-6} \sim 10^{-5}$ 程度となる．NMR 分光法では，この遮へいの違いによるわずかな共鳴周波数の差を測定する．ただし，共鳴周波数は静磁場強度 B_0 により異なるため，（4・5）式に示すように，観測する核（試料）と基準物質との共鳴周波数の差を，基準物質の共鳴周波数で割った無次元量で表され，これを**化学シフト**（記号 δ で表す）という．このため，化学シフトは静磁場に依存せず，磁場が異なる装置で測定しても同じ値を示す．また，10^6 を掛けているのは，ppm（100万分の1）のスケールで表すためである．

化学シフト
(chemical shift)
ケミカルシフトともいう．

$$\delta = \frac{\nu_{\text{試料}} - \nu_{\text{基準物質}}}{\nu_{\text{基準物質}}} \times 10^6 \qquad (4 \cdot 5)$$

これまでの関係をまとめると，静磁場が一定の場合，以下のようになる．

> 電子密度が高い $\Rightarrow$ 遮へいが大きい $\Rightarrow$ 共鳴周波数が低い $\Rightarrow$ 化学シフトが小さい
> 電子密度が低い $\Rightarrow$ 遮へいが小さい $\Rightarrow$ 共鳴周波数が高い $\Rightarrow$ 化学シフトが大きい

図 4・3 に示すように，NMR スペクトルは化学シフトが右から左へ大きくなるように表示される．よって，遮へいの大きい核のシグナルが現れる右側が"低周波数側"，遮へいの小さい核が現れる左側が"高周波数側"となる．また，歴史的な背景から，低周波数側を"高磁場側"，高周波数側を"低磁場側"とよぶ慣例がある（コラム参照）．

ある化学シフト差を周波数差に変換したいときには，共鳴周波数との積で簡単に求められる．たとえば，化学シフト差が 10 ppm であれば，
$(10 \times 10^{-6}) \times (600 \times 10^6)$
$= 6000$
となる．p.80 の＊の側注も参照．

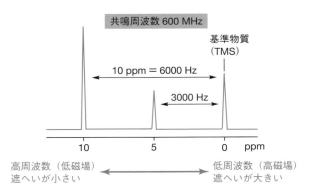

図 4・3　共鳴周波数 600 MHz の ^{1}H NMR 装置での化学シフト（横軸）

先に述べた基準物質については，溶媒や他の分子との相互作用により化学シフトが変化せず，測定試料のシグナルと重ならないことが望ましい．通常，基準物

NMR 分光法の歴史と変遷

　NMR 分光法の基本原理である核磁気共鳴現象は，1946 年に Purcell と Bloch により独立に観測された．さらに 1950 年前後には，化学的環境が異なる核が別々の周波数で共鳴することが明らかとなる（化学シフトの発見）．これをきっかけに，NMR 分光法が分子構造の解析に利用されるようになり，1956 年には国産の NMR 装置が初めて市販される．黎明期の装置は，照射するラジオ波の周波数を一定にして，磁場を連続的に変化させる**連続波**（CW）法によるものであった．その時代の名残として，現在でも，スペクトルの右側を"高磁場側"，左側を"低磁場側"とよんでいる（図 4・3）．これは，(4・4)式からわかるように，遮へいの程度が大きな核ほど，より強い磁場が必要となり，化学シフトが小さくなる方向へシグナルがシフトすることによる．たとえば，温度や水素結合の強さの変化などによってシグナルが右側に移動するとき，このシグナルは「高磁場シフトした」，逆に左側に移動すれば「低磁場シフトした」などと表現する．

　その後，1960 年代後半に，静磁場強度を一定にして，ラジオ波のパルスを照射する**フーリエ変換**（FT）法が開発され，さらに 1980 年代になって強力で安定な磁場を発生させる超伝導磁石が使用され，急速な進歩を遂げるようになった．このように，現在では，周波数が一定ではなく，磁場強度を一定として測定しているので，NMR スペクトルの右側（高磁場側）を"低周波数側"，左側（低磁場側）を"高周波数側"としても構わない．

連続波
（continuous wave, CW）

磁場を一定にして，周波数を連続的に変化させる方法でも測定できるが，当時は電磁石により磁場を変えたほうが高い精度であった．

フーリエ変換については 4・5・3 節参照．

質のシグナルの位置を 0 ppm とする．^{1}H と ^{13}C では主として化学的に安定なテトラメチルシラン（TMS）が用いられる（ブタン酸エチルの測定例として図 4・1 に示した）．TMS はケイ素の電気陰性度が炭素よりも小さいため，炭素が電子豊富となり，メチル基の水素が非常に大きく遮へいされるので，一般的な有機化合物よりもシグナルが右側に現れる．

$$CH_3 - \underset{\underset{CH_3}{|}}{\overset{\overset{CH_3}{|}}{Si}} - CH_3$$

テトラメチルシラン
（TMS）

沸点が約 27 ℃ と低いので，測定後に試料からの除去が容易である．

4・4・2　官能基と化学シフト

　^{1}H 核の化学シフトは電子密度のような化学的環境に依存するため，核の周囲の環境，つまり核に隣接する原子団（官能基）や電子の運動による磁気的な効果によって決まった値をとる．官能基における ^{1}H NMR の化学シフトをチャート 4・1 に示した．このようなチャートを利用すれば，シグナルの化学シフト値から試料がどのような有機化合物（たとえば，アルカンや芳香族）であるかについての情報が得られる．

^{1}H 核以外の化学シフトは，核を取巻く電子の密度分布によっても強い影響を受け，^{1}H 核よりも化学シフト範囲が広いことが多い．

^{13}C NMR のチャートは 4・6・1 節で示す．

4・4・3　化学シフトが変化する要因

　つぎに，電子密度のような化学的環境も含めて，^{1}H 核の化学シフトに影響を与えるおもな要因について見てみよう．

これらの三つの効果のほかに，以下の要因もある．

結合や相互作用の効果: "水素結合" による影響，CH-π 相互作用，金属への配位など．これらの要因は，不安定なものほど温度などの外的な要因を受けやすい．

誘起効果: 電子密度の偏りは隣接する原子の電気陰性度の相対的な大きさに依存する．"電子求引性" あるいは "電子供与性" の原子や官能基が隣接すると，観測核の電子密度に影響を与える．誘起効果は化学結合（おもに共有結合）を通して起こる．

共鳴効果: 非局在化した π 電子や置換基上に非共有電子対をもつ場合，共鳴構造の存在により観測核の電子密度が変化する．

チャート 4・1　**おもな ¹H NMR 化学シフト**

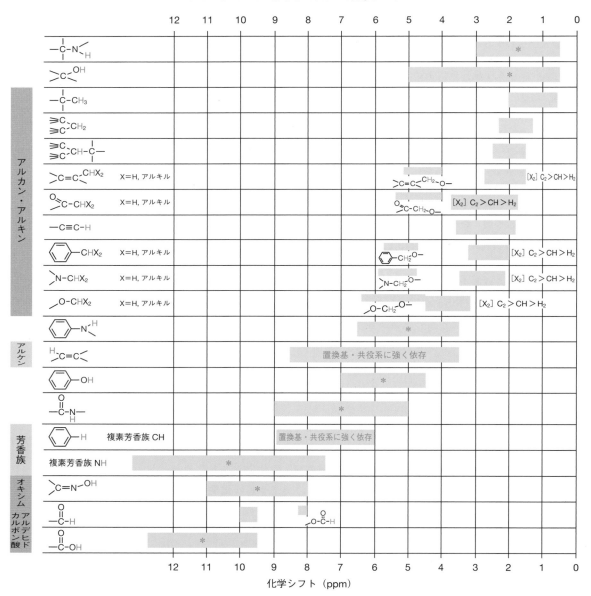

* 解離性プロトン（溶媒や水素結合の影響が強く，測定条件によって現れる化学シフトが異なることが多い．また D₂O 添加により H が D と交換してシグナルが消失しやすいので，解離性であることがわかることが多い）

> **磁気異方性効果:** 隣接する官能基が π 電子をもつ場合，静磁場の作用により新たな磁場を誘起し，空間を通して核の遮へいに影響を与える．また，π 電子より弱いが，σ 結合でも影響を与えることがある．

立体的効果: 溶媒和の影響，タンパク質などの自己組織化，液晶状態など．特殊な構造変化を伴うものがあり，さまざまな効果を複合的に受ける．

ここでは，チャート 4・1 をもとにして少し具体的に見ていこう．

a. 誘 起 効 果

誘起効果（inductive effect）

電気陰性度の大きい酸素，窒素，ハロゲンなどを含む電子求引性の官能基や原子が結合した炭素上の水素は，電子密度が低くなるため，^{1}H 化学シフトが高周波数（低磁場）側に現れることが多い．一方，電子供与性の原子や官能基が結合した炭素上の水素は電子密度が高くなるため，^{1}H 化学シフトが低周波数（高磁場）側に現れる．このような効果の程度は官能基や原子の種類や数によって異なり，また官能基や原子が直接結合しているときに最も強く，介在する結合の数が増えるほど急激に弱くなる傾向がある．

共有結合の多重度にもよるが，結合が五つ以上離れてくると，ほぼ影響が無視できるレベルになる．

たとえば，CDCl$_3$ 中のハロメタン CH$_3$X において，X の電気陰性度が大きいほど高周波数（低磁場）側にシフトし，CH$_3$F，CH$_3$Cl，CH$_3$Br，CH$_3$I，CH$_4$ の ^{1}H 化学シフト値はそれぞれ 4.27，3.06，2.69，2.15，0.23 ppm となる．また，電子求引性の官能基や原子が多く結合しているほど，その効果は大きくなる．たとえば，CHCl$_3$ ＞ CH$_2$Cl$_2$ ＞ CH$_3$Cl の順で高周波数（低磁場）側に現れる．

1-クロロブタンでは塩素から最も離れたメチレン基（3 位）の ^{1}H 化学シフトは 1.41 ppm であり，塩素による誘起効果はごくわずか（ブタンにおける 1.31 ppm と比べて 0.1 ppm のシフト）となる．

$$\overset{1.41}{\text{CH}_3}-\text{CH}_2-\overset{1.68}{\text{CH}_2}-\overset{3.42}{\text{CH}_2}-\text{Cl}$$

さらに，OH（や NH）の水素は酸性度が高いほど（H$^+$ として解離しやすい），その効果が顕著になる．特にカルボキシ基の ^{1}H 核では 10 ppm を超える大きな値となる．また，カルボン酸やアルコールでは "水素結合" の形成や −OH の ^{1}H 核（プロトン）と他の分子中の ^{1}H 核との交換により化学シフトやシグナルの幅が変化する．溶媒によっても大きく依存するので，それらを予想することは難しく注意を要する．

> **水素結合と化学シフト:** −COOH や −OH が水素結合を形成した場合，^{1}H 核の電子密度が低くなるので，より高周波数（低磁場）側にシフトする．また，水素結合（特に分子間）の程度は濃度や温度，溶媒の極性により大きく変化する．

つぎに，メチル基 RCH$_3$，メチレン基 R$_2$CH$_2$，メチン基 R$_3$CH の水素について見てみよう．炭素のほうが水素よりも電気陰性度は若干大きいので，隣接する炭素の数が多いほど，水素の電子密度は低くなる．よって，メチン基 ＞ メチレン基 ＞ メチル基の順で ^{1}H 化学シフトは高周波数（低磁場）側にシフトする．

図 4・1 に示したブタン酸エチルの ^{1}H 化学シフトについて，図 4・4 の拡大したスペクトルをもとに見てみよう．

ブタン酸エチルには，キラル中心となる炭素がないのでメチレン基の 2 個の水素は化学的に等価である（4・4・5 節参照）．ほかに対称性はないので，5 本のシグナル（A〜E）が観測され，これは化学的な環境の異なる 2 個のメチル基（−CH$_3$）および 3 個のメチレン基（−CH$_2$−）に由来する．各シグナルは分裂しているが，基本的に左右対称である場合，シグナルの中心（平均）に化学シフトがあると考えてよい．シグナルの分裂はスピン結合による（4・4・7 節参照）．

ブタン酸エチルの構造式において，青色の矢印で示したメチレン基が電気陰性度の大きい酸素原子に直接結合しており，^{1}H NMR スペクトルでは誘起効果により大きく高周波数（低磁場）側にシフトする（最も左側にあるシグナル E に対応する）．一方，酸素原子から最も離れている灰色の矢印で示したメチル基は，最も低周波数（高磁場）側にあるシグナル A に対応する．その他のシグナルについては，ある程度の予想はできるが，この段階では確実に帰属できない．化学シフトは，シグナルを大雑把に区別するのに適しているが，精度にはやや欠ける．後述する積分比やスピン結合の結果とあわせて，より詳細な検証が必要となる．

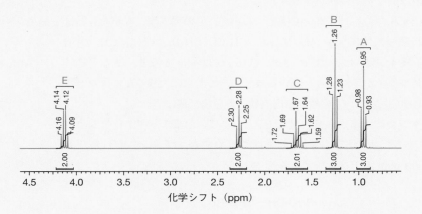

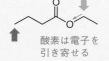

酸素は電子を引き寄せる

ラベル	化学シフト (ppm)	ピーク		シグナル強度	積分比
		(ppm)	(Hz)		
A	0.95	0.93	277.8	0.327	3.00
		0.95	285.4	0.782	
		0.98	292.7	0.395	
B	1.26	1.23	370.0	0.496	3.00
		1.26	377.1	1.000	
		1.28	384.3	0.516	
C	1.65	1.59	478.5	0.037	2.01
		1.62	485.8	0.127	
		1.64	493.0	0.214	
		1.67	500.5	0.215	
		1.69	508.0	0.132	
		1.72	515.4	0.033	
D	2.28	2.25	675.3	0.242	2.00
		2.28	682.9	0.397	
		2.30	690.2	0.210	
E	4.13	4.09	1228.6	0.127	2.00
		4.12	1235.6	0.382	
		4.14	1242.7	0.382	
		4.16	1249.9	0.126	

図 4・4　ブタン酸エチルの拡大した ^{1}H NMR スペクトル

b. 共鳴効果

共鳴効果
（resonance effect）

チャート 4・1 には示されていないが，分子構造による電子的な要因として，共鳴効果がある．たとえば，フェノールの場合，非共有電子対をもつ酸素原子がベンゼン環に結合しているので，以下のような共鳴構造が考えられる．

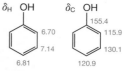

参考としてベンゼンでは，
δ_H 7.26 ppm, δ_C 128.5 ppm

この場合，オルト位とパラ位で電子密度が高くなって遮へいされるため，低周波数側（高磁場側）にシフトする．酸素原子では誘起効果も働くが，芳香族では共鳴効果のほうが強く，実際には右図のような化学シフトとなる．

c. 磁気異方性効果

磁気異方性効果
（magnetic anisotropy）

芳香環（ベンゼン環）やアルケンなどの二重結合（π 電子）をもつ構造では，^1H のシグナルが極端に高周波数（低磁場）側に現れる．これは，上記のような化学結合を通した電子密度の変化だけでなく，空間を通した"磁気的な効果"の影響も受けるためである．

π 電子は動きやすく，静磁場と直交する向きに円運動を行い，誘導電流が発生する．この電流により新たな誘起磁場が発生し，周囲の核が感じる磁場強度に影響を及ぼす．

アンペールの法則（右手の法則）と同じ効果．

最も顕著な例として，ベンゼン環における**環電流効果**があげられる（図 4・5a）．普通の溶液中では，分子がブラウン運動によって自由に回転しているため，ベンゼン環が静磁場に対してランダムな配置にある．そのなかでも，図に示すよ

環電流効果
（ring current effect）

図 4・2 では円運動する電子の動きを示したが，図 4・5 では環電流を描いている．

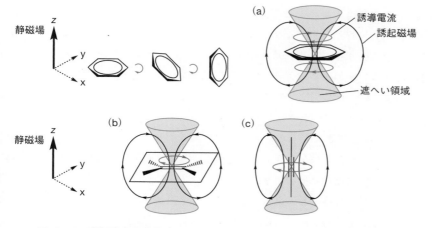

図 4・5　**磁気異方性効果**　(a) ベンゼン，(b) エテン，(c) アセチレン．ただし，溶液中では一部の分子だけが上記のような特定の方向を向いているので，平均化された結果が観測される

ベンゼン環は, π共役によってベンゼン環の上にある軌道にそって環電流が生じやすく, 誘起磁場が発生しやすい構造である.

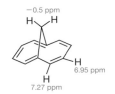

−0.5 ppm
6.95 ppm
7.27 ppm

1,6-メタノ-[10]アヌレン

この化合物のメチレン基の ^{13}C 核のシグナルは 34.8 ppm に現れ, 類似の非芳香族の化合物の 36.9 ppm と比べてそれほど低周波数 (高磁場) に現れていない. ^{1}H の場合と異なり ^{13}C 核では, 環構造の形成や置換基の立体障害による構造のひずみや結合角のゆがみによる影響のほうが, 芳香環が誘起する磁場の影響よりも大きく, 環電流効果や還流 π 電子の影響が見えにくいことがある.

混成軌道の s 性が大きいほど ($sp > sp^2 > sp^3$), 電子分布が炭素側に偏り, ^{1}H 核のまわりの電子密度が低くなる. この結果に基づけば, アルキン (sp) の ^{1}H 核のほうがアルケン (sp^2) よりも高周波数 (低磁場) 側に現れると予想されるが, 実際は逆になる.

うに, 静磁場の z 軸に対してベンゼン環が垂直 (xy 平面上) に存在すると, 水平 (z 軸に平行) に存在するよりも π 電子が動き回りやすいので, ベンゼン環上に強い環電流が生じる. ランダムな回転で平均化される場合は強い効果だけが残るので, ここでは z 軸に垂直な場合での遮へい効果だけを考えよう (図 4・5a). このとき, ベンゼン環の環内と上下には静磁場と逆向きの磁力線が通っているので局所的な磁場強度が弱まり (遮へいが大), 環外では磁力線が静磁場と同じ方向なので強められる (遮へいが小). このため, 環の内側および上下に位置している ^{1}H 核のシグナルは大きく低周波数 (高磁場) 側にシフトする. 逆に, ベンゼン環の外側に存在している場合は高周波数 (低磁場) 側にシフトする. たとえば, 左図に示した芳香族化合物では, 環をブリッジするメタノ基 (メチレン基) の水素は環平面の上部に位置し, −0.5 ppm というかなり低周波数 (高磁場) 側に現れる. 一方, 環の外側に位置する水素は他の芳香族化合物に見られるのと同様に高周波数 (低磁場) 側に現れる.

いずれの場合も, 化学シフトが変化するのはベンゼン環に対して位置が固定されている場合に限られる. ランダムな動きによってベンゼン環から見た相対的な位置が定まらなければ, 平均化されて効果は現れなくなる.

同様に, アルケンやカルボニル基では, π 結合のつくる面の上下は遮へいの大きい領域, その外側 (同一平面上) は遮へいの小さい領域となる (図 4・5b). アルケン水素やホルミル基の水素は, π 結合のつくる平面上に水素があるので, 顕著に高周波数 (低磁場) シフトする.

一方, アルキンのような三重結合では, 結合軸のまわりに渦を巻くように誘導電流が発生するので, 結合の両端が遮へいが大きくなり, 結合の周囲では遮へいが小さくなる (図 4・5c). このため, 軌道の混成状態から予想される結果に反して, エチニル基 (HC≡C−) のほうがビニル基 (H_2C=CH−) よりも ^{1}H 化学シフトが低周波数 (高磁場) 側に現れる. 実際の ^{1}H NMR スペクトルにおいても, アルキンはアルカンよりも少し低周波数 (高磁場) の領域に現れる (左から, アルケン>アルキン≧アルカン). 一方, ^{13}C NMR では ^{1}H 核よりは遮へい効果の現れ方が小さいが, それでもアルケンよりは低周波数 (高磁場) 側に現れ, 左からアルケン>アルキン>アルカンの順になる (4・6・1節参照).

このように, 化学シフトの磁気異方性効果とは, 磁場中に置かれた分子の結合電子が動かされ, このときに生じる環流電子によってその結合のまわりに微小な磁場を誘起し, これが結合の周囲の核の化学シフトに対して位置および構造特異的に影響を与える効果をいう. 先に述べたように, 磁気異方性効果は, 溶液中においてブラウン運動で平均化されるので, 分子内における「固定された」位置関係だけが反映されることになる. したがって, 磁気異方性効果は, 簡単には想像しにくい分子構造の "形 (立体配置)" や "固さ (運動性)" の特徴を反映した効果となる.

これまでに述べた三つの効果について整理しておこう.

効　果	効果の大きさ (^{1}H NMR での目安)	原　因	伝わる経路
誘起効果	中（0～5 ppm）	電気陰性度（電子密度）の差	主として共有結合
共鳴効果	微小～小（0～2 ppm）	電子の非局在化	共有結合（π結合）
磁気異方性効果	大（0～10 ppm）	電子の運動による誘起磁場	空間（距離的な近接）

　これら三つの効果はいずれも電子が原因であり，化学シフトの違いは電子によってひき起こされていることが改めて確認できる．誘起効果と共鳴効果は共有結合を通して伝わるので，隣合う原子の配置（すなわち分子構造）に強く依存する．一方，磁気異方性は空間を通しての効果であるから，分子構造だけでなく，"立体構造"や"分子間相互作用"にも大きく影響を受ける．

誘起効果はσ結合を介して伝わるので，官能基の隣接炭素上の^{1}H核に最も強く作用するが，共鳴効果はπ共役系の共鳴構造によって伝わるので，遠く離れていてもあまり弱まらずに作用する．

4・4・4　経験則に基づく化学シフトの予測

　前節では，化学シフトに及ぼすおもな原因となる3種の効果をあげた．これらは周囲の核に同時に影響を与えており，その化学シフトの値を予測することは容易ではない．しかしながら，理論的な計算ではなく経験的な実測データを蓄積していれば，構造解析の役に立つことがある．よく使われる代表的な例として，置換ベンゼンの化学シフトにおける加成性がある．まず，いくつかの一置換ベンゼンから得られた化学シフトの値を調べておき，ベンゼンに対する化学シフト値の差 $\Delta\delta$ を求めておく．この計算で得られた差は，「置換基が一つ入ったときのベンゼンの化学シフトに及ぼす置換基効果」と考えることができる．これには，ある程度の加成性があることがわかっており，二置換以上のベンゼンの各原子に対してシフト値を予測することができる．以下，実例を用いて説明しよう．

加成性とはある系の性質を示す量が，それらを構成する成分の和に等しくなるという性質のこと．

　図 4・6 には o-ヨードフェノールにおける置換基効果を示した．ここでは，SDBS データベースから取得したベンゼン，ヨードベンゼン，フェノールの三つの実測値を用いている．たとえば，フェノールの2位（オルト位）はδ 6.838 であるが，ベンゼンがδ 7.339 であるため，その置換基効果は"−0.501"と求まる．

置換基効果について，学術論文などでは，より使いやすくなるように，多数のデータの集積や補正などを加えた詳細な検討がなされている場合もある．

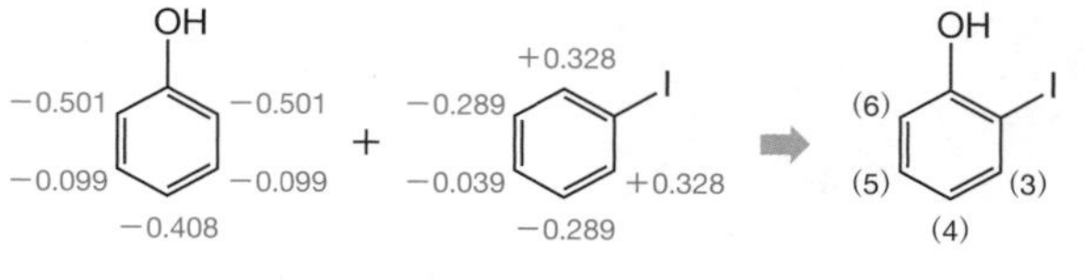

置換基効果による計算結果
（　）は実測値
3 位　δ 7.568（7.650）
4 位　δ 6.642（6.670）
5 位　δ 7.201（7.234）
6 位　δ 6.549（6.992）

図 4・6　o-ヨードフェノールの ^{1}H NMR 化学シフトにおける置換基効果
引用：SDBSWeb：https://sdbs.db.aist.go.jp（National Institute of Advanced Industrial Science and Technology，2021 年 10 月）

　図 4・6 の計算結果と実測値（括弧内）を比較すると，概ね傾向が似ていることがわかる．なお，置換基効果の加成性は実測データに基づく経験則であり，化学シフトの正確な予測をするものではない．ベンゼンの加成性は実測に近い値が

本書ではこのような経験則を積極的に活用しなくても課題が解けるようになっている．スペクトル解析を実践する際に，構造解析の足掛かりとなったり，構造の矛盾を調べたりするのによい．

得られやすいが，置換基どうしに立体的な相互作用がある場合や，共鳴効果などがある場合には一致しないことも多くなる．たとえば，今回の計算では o-ヨードフェノールの 6 位が実測と 0.44 ppm ずれているが，これは原子半径の大きなヨウ素が隣接するヒドロキシ基に立体的な影響を与えたことが原因と考えられる．

4・4・5　化学的等価性と化学シフトの同一性

　分子中で複数の核の環境が同じであることを，互いに化学的に等価であるといい，そのような核の化学シフトは同一である．一方，分子中で高速の可逆的な構造変換[*1] が起こり，NMR により各構造中でそれぞれの核を特定できないと[*2]，それらの核は化学的には非等価であるが，同一の化学シフトに観測される[*3]．

> 　ある二つの核が化学的に等価になるのは，a. 分子の対称性に基づいて，もう一方の核と同じ位置に入れ替えられる場合，b. 結合の回転によって複数の配座が存在する場合に，各配座において二つの核が化学的に非等価（対称性がない）になることがあっても，結合の回転によってそれぞれの核が"同じ環境に同じ確率（滞在時間）"で存在するなら，回転が速ければ化学的等価になる．

a. 分子の対称性による化学的等価性

　分子に対称性があり，以下のような操作によって原子の位置が互いに入れ替えられる場合がある．これには，**対称軸**（軸のまわりの回転），**対称面**（鏡映），**対称心**（点のまわりの反転）があるが，その多くは対称軸と対称面によるものである．これらの入れ替え操作の前後で構造が同一であれば，入れ替えによって相互に位置が変換した核は化学的に等価であり，化学シフトも同一である．

　<u>対称軸による入れ替え</u>　　図 4・7(a) の左の二つの分子のように，軸のまわりに 180° 回転したとき分子構造がまったく同じになるならば（2 回対称軸の存在），(A) と (B) の水素原子は化学的に等価である．右端は 3 回対称軸の例である．

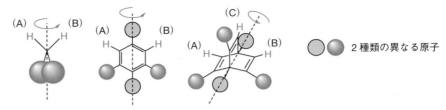

図 4・7(a)　**対称軸をもつことによる化学的等価**

　このような水素原子の組は，アキラルな溶媒中のみならずキラルな溶媒中でも化学的に等価であり，化学シフトも同一である．これは，キラルな溶媒分子が等価な両方の水素原子に最も安定な同一の相互作用をした場合，溶媒分子まで含めた構造に対して対称軸が存在するからである．

　<u>対称面による入れ替え</u>　　図 4・7(b) のような分子は，角 H−C−H を垂直に

二等分する対称面をもつ. この対称面での入れ替えによりできる分子は，鏡像体と同一である. 鏡像体では，水素原子 (A) は水素原子 (A′) の位置に移っているが，これは元の分子の (B) に相当するので，(A) と (B) の二つの水素原子は化学的に等価である.

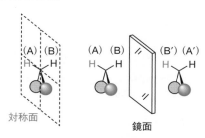

対称面

鏡面

図 4・7(b)　対称面をもつことによる化学的等価

ただし，化学的に等価になるのは，アキラル（キラルでない）な環境に限られ，溶媒分子がキラルである場合などのキラルな環境において測定すると，二つの置換基が異なるために，キラルな溶媒と安定な相互作用を示す立体的な配置が二つの水素原子周辺で異なるので対称面がなくなり，化学的に等価にならない.

b. 結合の回転（配座交換）による化学的等価性

図 4・7(c) のように，メチレン基に単結合で別の炭素原子（その上の三つの置換基のうち二つが同じ）が結合している分子を考えよう. この場合，単結合の回転により安定な配座が (I)〜(III) の 3 種類存在することになる.

ニューマン投影図で見た結合の回転による等価

X はハロゲンなどとする

(I)　　　　(II)　　　　(III)

図 4・7(c)　結合の回転（配座交換）による等価性（二つの原子が同じ場合）

このような判定方法は，配座の速い入れ替えと対称性を詳しく調べなければならず，かなり難易度が高い. 実は，もう少し簡便に判定する方法がある.

図 4・7(a) の左の例の場合，メチレンのどちらの水素原子を異なる原子に置き換えたとしても，炭素原子は不斉炭素にならない. このような関係を**ホモトピック**といい，二つの水素原子はキラルな溶媒中でも等価で，化学シフトは同一である.

図 4・7(b) や (c) のような構造では，同様の置き換えをすると炭素原子が不斉炭素になり，置き換える水素原子を変えれば一対のエナンチオマーができる. このような関係を**エナンチオトピック**という. アキラルな溶媒中では等価となり，化学シフトは同一である.

一方，図 4・7(d) のような構造では，同様の置き換えによって一対のジアステレオマーが生成する. このような関係を**ジアステレオトピック**といい，メチレンの水素原子は非等価であり，化学シフトは，偶然同じになる以外は異なることになる.

対称心は，軸まわりの回転と鏡映による操作の組合わせであり，対称心をもつ例として，以下のような分子構造がある.

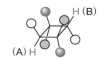

この場合の軸（4 員環の中央を上下に貫く軸）は対称軸とは限らず，鏡映の面（4 員環と同一平面にある面）も対称面とは限らない.

ホモトピック（homotopic）

エナンチオトピック（enantiotopic）

ジアステレオトピック（diastereotopic）

以上をまとめると，メチレン基の水素原子は，

> ・ホモトピックな関係であれば化学的に等価（キラル溶媒中でも）
> ・エナンチオトピックな関係であれば化学的に等価（アキラル溶媒中でのみ）
> ・ジアステレオトピックな関係であれば化学的に非等価

　ここで，(II) の配座について見ると，対称面によって (A) と (B) が入れ替えできるので，等価になることがわかる．しかし，(I) は ● の配置が異なっており，対称面が存在していないので，別々の化学シフトが得られるはずである ((III) も同様)．しかし，(I) の (A) と (III) の (B) は入れ替えできるので等価であり，(I) の (B) と (III) の (A) も同様である．したがって，<u>(I) ⇔ (III) の速い配座の交換があれば，対称面による等価と同じであり，平均化して同じ化学シフトが得られる</u>ことになる．

　それでは，二つの原子が異なる例（◐ と ●）ではどうだろうか．図 4・7(d) のニューマン投影図の上と下は，エナンチオマーの関係であり，物理的に単離できる "異なる化合物" である．両者の構造を比較してみると，エナンチオマーは鏡面対称の化合物であるから，当然ながら同じ配座の (I) と (I′) などは互いに鏡像の関係である．したがって，エナンチオマーにおける，対応する水素の化学シフトは互いに等価である．

ただし，キラルな溶媒中においては非等価になる．

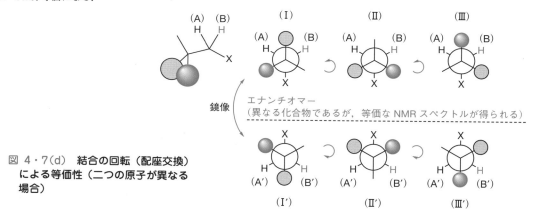

図 4・7(d) 結合の回転（配座交換）による等価性（二つの原子が異なる場合）

　一方，上段のエナンチオマーだけの配座を考えると，(I)，(II)，(III) はいずれも対称軸や対称面がなく，また<u>各配座どうしでの (A) と (B) の入れ替えもできない</u>．したがって，この二つのメチレン水素は，速い配座の交換があっても非等価になることがわかる．

4・4・6 積 分 比

　NMR スペクトルの各シグナルの面積（積分値）の "比" から，観測核である ^{1}H 核の種類とその個数比を知ることができる．シグナルの面積はコンピュータにより**積分**することで得られ，数値あるいは階段状の曲線（**積分曲線**）で表され

積分（integral）

る．積分曲線の高さがシグナルの面積を表す．ただし，あくまで相対比であるので，¹H 核の正確な個数はわからない．また，シグナルノイズ比（4・5・3 節）が良くない場合には面積比が正確ではなく，シグナルが重なったり，シグナルの位相が合わない（データ処理が不適切な）場合には誤差が生じることに注意する必要がある．

¹H 核の個数が既知であるシグナルの積分値を，その ¹H 核の個数として設定すれば，他のシグナルの積分値は ¹H 核の個数を直接表すことになる．

> 　ここでは，ブタン酸エチルの ¹H NMR スペクトルの積分比について見てみよう．すでに，図 4・1 で示したようにブタン酸エチルの積分比は，概ね左から 2：2：2：3：3 の積分比となっており，A，B がメチル基であり，C〜E がメチレン基であるとわかる．
> 　積分比を使うときは，化学的等価でない核のシグナルであっても偶然に重なっているかもしれないことに気をつけよう．ブタン酸エチルでは化学シフトが明らかに異なっているが，複雑な構造になるにつれて環境の異なる ¹H 核の種類が多くなり，シグナルが重なることが多くなる．このような場合は，無理に切り分けて積分をとらずに，積分比だけでなく積分曲線の形（高さ）も見るようにするとよい．たとえば，下図のように広く積分をとると，積分曲線の高さから，およその積分比が計算できる（物差しを当てればいい）．

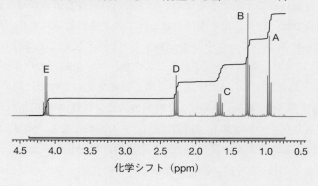

図 4・1 では C だけ 2.01 となっているが，小数点以下が 0〜0.1 程度ずれることは珍しくないため，実践的には整数比だけわかれば十分に活用できる．

どうしてもシグナルが分離できない場合は，合算して割り出すことも必要となる．

****

定量 NMR 法（qNMR 法）

　¹H NMR で得られたシグナルの面積は，分子中に含まれる水素の数の比だけでなく，均一な試料溶液中に含まれる分子の "モル濃度" にも比例する．たとえば，試料に混合物として複数の成分が入っていれば，面積比から各成分のおよその濃度比がわかるはずである．これを応用すると，正確に秤量して濃度を計算した標準試料と測定したい試料を用意し，その両者を比較できる高精度で再現性の高いスペクトルが得られれば，成分の定量が可能となるはずである．この理論は NMR の黎明期から知られていたが，最近になって装置性能の向上に伴い，定量 NMR 法（qNMR）として実験方法が確立しつつあり，一般化が進められている．

****

標準試料は，測定したい試料と化学シフトが重ならなければ，どれを選んでも測定が可能であり，個々の成分ごとに用意しなくてもよいことが NMR における利点となっている．

4・4・7 スピン結合

a. シグナルの分裂パターン

図4・1に示したブタン酸エチルの ^1H NMR スペクトルをよく見ると，シグナルが分裂していることがわかる．このような分裂は，観測核と他の NMR 活性な核との"核スピン"による相互作用によって起こるため，スピン結合とよばれる．

スピン結合は以下のような特徴をもつ．

> ・NMR 活性な核の"組"，たとえば ^1H 核と ^1H 核や，^1H 核と ^{13}C 核などで起こり，不活性な ^{12}C 核とは起こらない．
> ・共有結合（結合電子）を通して相手に伝わり，その距離が近いほど，つまり介在する結合の数が少ないほど相互作用が強くなる．
> ・分裂したシグナルの各ピーク間の幅は周波数の差（単位は Hz）で表され，スピン結合定数あるいは J 値とよばれる*．この定数は静磁場の強度（B_0）に依存せず，スピン結合した核どうしの三次元的な配置に固有なものとなる．

以上のことから，スピン結合によって「ある核の近くにどのような核が結合しているか」を調べることができるため，分子構造の有益な情報が得られる．

スピン結合では，相互作用を受けた核どうしの共鳴周波数に変化が生じ，スピン状態の違いに基づいてシグナルが分裂する．1章で説明したように，^1H 核では"2種類"のスピン状態（α と β）をとるため，スピン結合の相手が ^1H 核のときは，"2本"に分裂する．また，互いに同じ影響を受けるので，相手の ^1H 核も同じ幅（J 値）で分裂する．さらに，2種類のスピン状態の存在比はほぼ1:1であるため，各ピークの強度比も（通常は）1:1の関係になる．図4・8に，二つの ^1H 核におけるシグナル分裂のパターンを模式的に示した．なお，このようなパターンになるのは，「スピン結合した核どうしの化学シフトが互いに離れている場合」である．

スピン結合（spin coupling）スピン-スピン結合あるいは J-カップリングともいう．日本語では単に"カップリング"とよぶこともある．

^1H NMR において ^{13}C 核とのスピン結合は，^{13}C 核の天然存在比が1.1％であるため，^1H 核による主ピークの両脇に小さなピークとして観測される．これを"^{13}C サテライト"という．

* 化学シフトとの関係でいえば，各ピークの間隔（ppm）に装置の共鳴周波数（MHz）を掛けると J 値（Hz）が得られる．

核どうしが近接してくると分裂のパターンが変わってくる．詳しくは後述する．

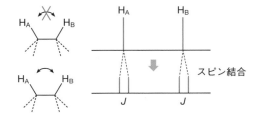

図 4・8　二つの ^1H 核においてスピン結合がないと仮定した場合（上）と，実際にスピン結合がある場合（下）の比較

スピン結合の理論的解釈については，エネルギー図を用いて説明することができる（図4・9）．静磁場中の核は，α（静磁場と平行）と β（静磁場と反平行）の2種類の配向をとることを説明した．ここで二つの核（H_A，H_B）が存在するとしたら，エネルギー状態は四つの状態（H_AH_B: αα，αβ，βα，ββ）をとることになる．このとき，H_A が H_B の影響を受けないのであれば，H_B のスピン状態が

α であるか β であるかにかかわらず α スピンの H_A は同じエネルギーのラジオ波で共鳴することになり，$W_1(H_A)$ で示した αα ⇔ βα および αβ ⇔ ββ の遷移が観測されることがわかる．

　核どうしのスピンに関する情報は，核間の共有結合電子のスピンとの相互作用を介して伝達される．ここで核スピンどうしに相互作用がある場合（スピン結合），核のスピンと結合電子の向きは平行より反平行で隣合うほうが安定である．具体的には，核スピンが αα(↑↑)，ββ(↓↓) の場合，電子はパウリの排他律によって ⟨↓↑⟩ であるから，結合電子を介した核どうしの相互作用は α(↑)⟨↓↑⟩α(↑)，あるいは β(↓)⟨↓↑⟩β(↓) のようになり，いずれかの核と電子の間は平行になる．逆に，核どうしが αβ(↓↑)，βα(↓↑) であれば，結合電子も反平行の状態をとることができ，α(↑)⟨↓↑⟩β(↓) のように向きが交互になり，安定化する（エネルギーが低い）．すなわち，スピン結合がない場合と比較して αα と ββ はエネルギーが上昇し，αβ と βα はエネルギーが低下する．したがって，ΔE としては，αα → βα の遷移の ΔE は小さく（共鳴線は低周波数（高磁場）シフト），αβ → ββ の遷移の ΔE は大きくなる（高周波数（低磁場）シフト）．これにより，スピン結合がなければ 1 本であったはずの H_A のシグナルは 2 本観測されることになる．同様に，H_B も αα → αβ が低周波数（高磁場）シフトし，βα → ββ が高周波数（低磁場）シフトする．

W$_1$ の下付き数字の意味については 4・5・5 節参照．

H_A に対して，H_B は $W_1(H_B)$ の遷移で観測されるが，エネルギー差が H_A より大きいので，高周波数（低磁場）側に観測される．高周波数（低磁場）側が高エネルギーであることは化学シフトの説明で示した．

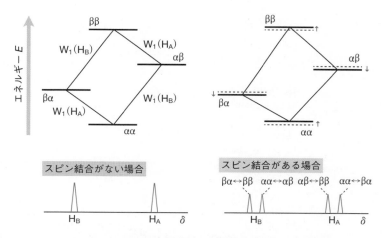

図 4・9　2 スピン系のエネルギー準位図　左側のスピン結合がない場合，$W_1(H_A)$ の二つの遷移（あるいは $W_1(H_B)$ の二つの遷移）の ΔE は等しいため，それぞれのシグナルは 1 本になる．一方，右側のスピン結合がある場合，αα と ββ はエネルギーが上昇し，βα と αβ はエネルギーが低下する．そのため，αα → βα（あるいは αα → αβ）の遷移の ΔE は小さくなり，αβ → ββ（あるいは βα → ββ）の遷移の ΔE は大きくなる．その結果，それぞれのシグナルは 2 本に分裂する

　実際の分子では多数の ^1H 核があるので，もっと複雑な分裂になる．つぎに複数の核がある場合について考えてみよう．

等価ないくつかの核とのスピン結合 —— 互いの化学シフトが離れている場合

　まずは，分裂する対象の核に対してスピン結合した相手の核が 1 個以上あり，その相手がすべて同じ環境（等価）である場合を考える．ここで，シグナルの分裂は以下の法則に従う．

> ・スピン結合した相手の等価な ^1H 核の数を n とすると，$n+1$ 本の線（ピーク）に分裂することが知られており，これを **$n+1$ 則** とよぶ．
> ・分裂したシグナルの強度比は**パスカルの三角形**の関係に従う．
> ・分裂の形は "左右対称" となる（後述）．

　シグナル分裂のパターンを図 4・10 に模式的に示した．すでに見たように相手の核が 1 個の場合は，$n+1$ 則によりシグナルが 2 本に分裂し，強度比はパスカルの三角形に従い 1：1 となる．相手の核が等価な 2 個の場合は，左図のように 2 度分裂するので，真ん中が重なって 3 本になり，強度比は 1：2：1 となる．このような分裂において二重線は**ダブレット**（doublet）とよび，d の略号で表記する．三重線は**トリプレット**（triplet）とよび，t の略号で表記する．

パスカルの三角形では，図のように分岐の斜め上の数字を足し算していくと，二項展開 $(x+y)^n$ における項の係数になっている．

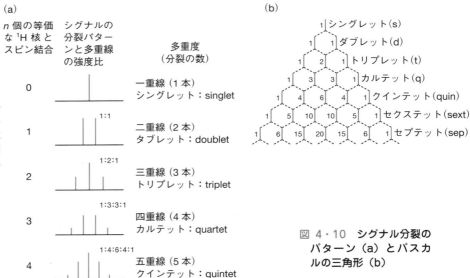

図 4・10　**シグナル分裂のパターン（a）とパスカルの三角形（b）**

非等価な核とのスピン結合 —— 互いの化学シフトが離れている場合

　つぎに，2 個の非等価な核とのスピン結合を考えてみよう（図 4・11）．非等価な場合は J 値が異なるので，4 本に分裂し，強度比が 1：1：1：1 であることがわかる．これを**ダブルダブレット**（double doublet）または**ダブレット-オブ-ダブレット**（doublet of doublets）とよび，dd と略記する．非等価な場合は，分裂のパターンはつぎに基づいている．

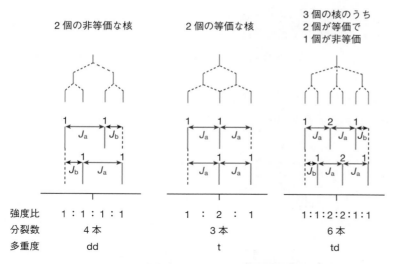

図 4・11　非等価で化学シフトが離れている場合の分裂パターンの例

2 個の核が非等価（$m=1$, $n=1$）であれば，

$$(m+1)(n+1)=4 \text{ 本}$$

となる．あるいは，1 個の核（$m=1$）と 2 個の等価な核（$n=2$）があり，互いに非等価である場合は，6 本に分裂する．

> ・分裂の数は $n+1$ 則にはならず，$n+1$ 則の掛け算になる．
> ・分裂の形は等価な核と同じように左右対称になる．

　シグナル分裂の数が多くなった場合は，上図のようにいくつかの段にずらして表記するとわかりやすい．たとえば，td の場合は，J_a と J_b の分裂の幅があることを見いだして，J_b だけずれているピークを上下段に分けて表記している．これにより，6 本に見えていたマルチプレット（多重線）が，ダブレット（二重線）とトリプレット（三重線）の組合わせである様子がはっきりと区別できる．

> 分裂の様式は J 値が大きいものから順に並べるルールがある．たとえば，2H 分のシグナルがあり，その化学シフト[*1] が 5.00 ppm（δ 5.00）で，$J=10.0$ Hz のダブレット（d）と，$J=2.0$ Hz のトリプレット（t）があれば，δ 5.00（dt, J/Hz= 10.0, 2.0, 2H）のように表記する．

互いの化学シフトが近接している場合

　図 4・12（a-1）のように H_A と H_X の化学シフトの差が大きいときはそれぞれのダブレットは強度比が 1：1 の 2 本のピークからなることを説明した．この分裂パターンを **AX 型**という．一方，図 4・12（a-2）のように化学シフトの差が小さい場合は **AB 型**という[*2]．AB 型は特徴的な四重線となって現れるので，AX 型のダブレットとは異なり，二つあわせて "AB カルテット" とよぶ[*3]．ここで興味深いことに，内側の 2 本のピークの強度が大きくなっている．このように，<u>互いの化学シフトの差が小さくなるにつれて，互いに近いほうのピークが高くなっていく現象が見られる</u>．これを**屋根（ルーフ）効果**とよぶ．実際のスペクトルで

*1　分裂したシグナルの化学シフトはそれらの中央の値で表す．

*2　化学シフトが離れていることをアルファベットで離れている A と X を用いて，一方，AB 型はアルファベットで近い文字を用いて表している．
AB 型のスピン結合は，スピン結合する相手と化学シフト差との相関が大きいという意味から，強いカップリング（strong coupling）ともよばれる．

*3　隣接する三つの等価なプロトンによるカルテットと区別する必要がある（図 4・10）．

屋根効果による分裂したピークのわずかな強度の違いを見つけて，スピン結合している相手の核を見つけることも可能である．

は，AX 型でもわずかながら屋根効果が見られることがわかる．

AX 型と AB 型の境界は明確に定められていないが，二つの化学シフトの差 $\Delta\nu$（Hz）と，それらの間のスピン結合定数 J から，$\Delta\nu/J$ が約 8 以上であれば AX 型と考えてよい．

また，(b) のように 2 個の H が等価，あるいは化学シフトが偶然一致する場合はスピン結合が観測されない．

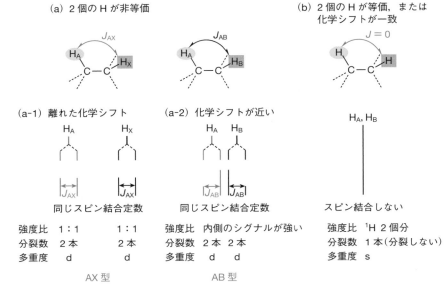

(a) 2 個の H が非等価

(b) 2 個の H が等価，または化学シフトが一致

(a-1) 離れた化学シフト   (a-2) 化学シフトが近い

同じスピン結合定数	同じスピン結合定数	スピン結合しない
強度比　1:1　　1:1	強度比　内側のシグナルが強い	強度比　^{1}H 2 個分
分裂数　2 本　　2 本	分裂数　2 本　2 本	分裂数　1 本（分裂しない）
多重度　d　　　d	多重度　d　　d	多重度　s

AX 型　　　　　　AB 型

図 4・12　スピン結合

図 4・12 では単純な例を示しているが，スピン結合が重なってくると，その数や分裂の幅に応じて，複雑なパターンを示し，次第に手作業では解析が困難になってくる．このような場合，詳細な解析には二次元 NMR が必要となる（4・7 節）．

p.72 のコラムで解説したブタン酸エチルについて，スピン結合による分裂を見てみよう．この化合物はキラリティが存在しないため，メチレン基（$-CH_2-$）の水素は互いに等価である．また，直鎖となるようなアルキル基の J 値は，ほとんど 7.5 Hz 程度になり，概ね近い値をとることが多い（例外は後で示す）．したがって，$n+1$ 則が成り立っているといってよい．J 値は，ピークの値（Hz 単位）から差を求めると計算できる．小数点以下が異なる場合は平均をとればよい．これらを整理すると，以下のようになる．

ラベル	化学シフト δ	多重度	J (Hz)	帰属　（青色で示す）
A	0.95	三重線 (t)	7.5	$-CH_2-CH_2-CH_3$
B	1.26	三重線 (t)	7.2	$-O-CH_2-CH_3$
C	1.65	六重線 (sext)	7.4	$-CH_2-CH_2-CH_3$
D	2.28	三重線 (t)	7.5	$-CH_2-CH_2-CH_3$
E	4.13	四重線 (q)	7.1	$-O-CH_2-CH_3$

＊　非等価な水素の J 値が異なることは自然なことである．酸素原子に結合したアルキル基では，炭素原子に結合したときよりもやや J 値が小さくなる傾向があり，7.1 Hz となっている．

J 値を正確に計算してみると，ACD のグループ（$-(C=O)-$ 結合側にあるアルキル基）と BE のグループ（$-O-$ 結合側にあるアルキル基）でわずかに異なっていることがわかる＊．測定に用いる装置の性能やパラメータの設定にも依存す

るが，概ね J 値の差が 0.5 Hz を超えるくらいになると，$n+1$ 則が成立しなくなり明確な区別が必要となってくる．ブタン酸エチルの場合は必要がなかったが，もしピークの先端が割れているようなことがあれば，安易に多重度を判断せず，非等価になる可能性についても考慮する必要がある．

b. 磁 気 的 非 等 価

磁気的非等価（magnetic non-equivalence または magnetic inequivalence）

化学的に等価で化学シフトが同じ二つの核であっても，第三の核に対してそれぞれ異なるスピン結合定数（J 値）を与える場合は，**磁気的非等価**となる．

p-アニシジンなどの異なる置換基をもつ二置換ベンゼンを例にとって考えよう．p-二置換ベンゼンには，二つの置換基 R^1 と R^2 を通る対称軸がある．したがって，片方の置換基のオルト位の二つの水素 Ho^1 と Ho^2，およびメタ位の二つの水素 Hm^1 と Hm^2 はそれぞれ同じ化学的環境にあり，"化学的に等価"である．したがって，この四つの ^1H 核が，原理的には二つの異なる周波数のラジオ波により共鳴する．しかし，スピン結合の相関をまとめると以下のようになる．

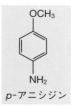

二置換ベンゼン

オルト配置（^3J, 大）：$Ho^1–Hm^1$, $Ho^2–Hm^2$
メタ配置　　（^4J, 中）：$Ho^1–Ho^2$, $Hm^1–Hm^2$
パラ配置　　（^5J, 小）：$Ho^1–Hm^2$, $Ho^2–Hm^1$

このことは，Ho^1 から見ると 3 種類のスピン結合が存在することを示している．しかも，互いに等価な（化学シフトが等しい）Ho^1 と Ho^2 にもスピン結合があり，「互いの化学シフトが近接している場合」の効果も受けるため，パラ置換型の非常に特徴的なシグナル形状となる．このような事例では，Hm^1 と Hm^2 は化学的には等価であるが，Ho^1 にとっては磁気的に非等価であると説明される．これは Ho^2 にとっての Hm^1 と Hm^2 も，また逆に Hm^1 および Hm^2 にとっての Ho^1 および Ho^2 も同様である．したがって，この四つの ^1H 核は AA′BB′ のスピン系を構築する．このような化学的に等価であるが磁気的に非等価な関係の ^1H 核の場合は予想よりも複雑な分裂となる．

図 4・13 には p-アニシジンの芳香族領域の ^1H NMR スペクトルを示した．一見すると dt（ダブルトリプレット）が 2 種類あるように見えるが，強度比が正しい割合になっておらず，J 値の間隔もあっていない．このため，分裂様式の解

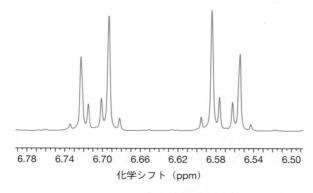

OCH₃

NH₂

p-アニシジン

図 4・13　p-アニシジンの芳香族領域の ^1H NMR スペクトル

析ができず，帰属としては m（マルチプレット）が正しい．

c. 実際のスピン結合と J 値 —— アルカンを例として

スピン結合定数（J 値）は，スピン結合した核と核を介する共有結合の数を n として，^nJ と表記することもある．たとえば，アルカンの ^1H–^1H スピン結合では，以下のように表記され，それぞれ特別の呼び名がついている．

ジェミナル（geminal）の gem- は "双子の" という意味．

ビシナル（vicinal）は "隣りの" という意味．

- H–C–H のように二つの結合を通した場合，$^2J_{HH}$ のように表記され，"ジェミナル" カップリング（スピン結合）ともよばれる．
- H–C–C–H のように三つの結合を通した場合，$^3J_{HH}$ のように表記され，"ビシナル" カップリング（スピン結合）ともよばれる．

ジェミナルカップリング　　ビシナルカップリング
（メチレン基）

ロングレンジカップリングともいう．アルカン以外でも用いられる．

- 四つ以上の結合を通した場合，同様に表記され，"遠隔" カップリング（スピン結合）ともよばれる．

以下，実際のスピン結合と J 値について，おもにアルカンを例として，どのような特徴があるかを見てみよう．

結合の数と J 値　　原子が直接結合した ^1J は，極端に大きな J になることが多い（数百 Hz〜数十 Hz くらい）．^2J や ^3J はそれよりも急激に小さくなり，2〜1 桁になることが多い（数十 Hz〜数 Hz くらい）．^4J はかなり小さく，ゼロに近いことも多い（数 Hz〜ゼロ）．^5J 以上が見えることはほとんどない．

原子の種類と J 値　　結合する原子が異なると J 値も異なる．たとえば ^1H と ^{13}C を比較すると，^{13}C がスピン結合の相手であるほうが小さくなる．

経験的に J_{CH} は J_{HH} の約 0.62 倍に近いことが知られている．

なお，結合する原子が変わると，周囲の結合もわずかに影響を受けることがある．これは下記に示す結合長や結合角などの問題もあるので，一概にまとめて比較はできない．

結合の種類と J 値　　スピン結合は，単結合（sp^3）よりも二重結合（sp^2）や三重結合（sp）のほうが伝わりやすく，いい換えれば，混成軌道の s 性が高いと J 値が大きくなる．

s 性とは，s 軌道と p 軌道の割合を示し，sp^3（25 %），sp^2（33 %），sp（50 %）となる．

結合長と J 値　　結合が長いほどスピン結合が伝わりにくくなるので，J 値は小さくなる．

結合角と J 値　　J 値は結合角に大きく依存する．特に ^3J の場合，結合のつながりを考えるうえで，四つの原子のつくる角度が非常に重要となる．

ビシナルカップリングと結合角の近似的な関係は，つぎの**カープラスの式**として知られている．

$$J(\theta) = A\cos^2\theta + B\cos\theta + C \qquad (4\cdot6)$$

ここで θ は "二面角" とよばれ，図 4・14 のニューマン投影図で，二つの C–H
結合がつくる角度のことをいう．定数 A, B, C は置換基よって異なる経験的パラ
メータである．B と C はほぼ 0 であり，実質的には $A\cos^2\theta$ に近似される．すな
わち，0° または 180° で最大（およそ 8～15 Hz 程度），90° でほぼ最小（約 0 Hz）
となる．

0° と 180° を比べると，後
者のほうがやや大きくなる
が，実質的にこの差は定数
B で調整される．

図 4・14　^3J に関するカープラスの式に
おける二面角（θ）

　結合の回転が自由である直鎖アルカンでは安定なトランス形（180°）と二つの
準安定なゴーシュ形（60°）があり，加重平均を求めると 7 Hz くらいに収束する．
一方，環状アルカンでは結合の回転が束縛されるので，顕著に角度依存性が現れ
る．

　また，カープラスの式はジェミナルカップリングについても検討されており，
結合角が 109.5° では 10～15 Hz 程度となる．結合角が小さいほど J 値は大きくな
り，逆に 125° 以上になるとほぼ 0 に近づく．

メチレン基の水素が正四面
体構造の頂点にあると仮定
すると，中心（炭素）との
なす角は約 109.5° である．

　以上，実際のスピン結合と J 値について簡単に見てきたが，官能基のつながり
を解析するには，もっぱらビシナルカップリングを追っていくことが重要なポイ
ントとなる．なお，ジェミナルカップリングとビシナルカップリングにおける J
値を比較すると，前者のほうが，ひずみのない構造では概ね大きくなり，ひずみ
の大きな構造や環状構造では小さくなることもある．

J 値は官能基や構造に依存
する．目安となる一覧表が
巻末の付録として掲載され
ているので，構造決定の際
には参考にしてほしい．

遠隔カップリングと J 値

　遠隔カップリングの $^4J_{HH}$ は，直鎖アルカンならほぼ 0 に近いが，環状構造に
おいて結合角によっては観測されることがある．具体的には図のように W 字型
の構造となった場合で，水素の配置がいす型配座のエクアトリアル–エクアトリ
アル型になっている．

　一方，アルケンや芳香族など二重結合を通した場合は観測されることも多く，
ジグザグ型とよばれる $^4J_{HH}$（ベンゼン環のメタの関係）で 0～数 Hz 程度になる
ことがある．

　また，$^5J_{HH}$ 以上になるとほとんど観測されないが，多環芳香族でジグザグ型が
連なるときは観測されることもある（ベンゼン環のパラの関係はほとんど観測さ
れない）．

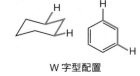

W 字型配置

4・5 NMR 測定

4・5・1 NMR 装置の概略

NMR 測定に用いられる装置は，強力で安定な静磁場を発生する超伝導磁石（マグネット），プローブ，ラジオ波の送信機，NMR 信号の検出部，測定の実行やデータ処理するコンピュータなどからなる（図4・15）. NMR 測定では極低温において冷却した超伝導磁石が用いられる. 超伝導磁石を極低温に保つために液体ヘリウムが用いられ，その蒸発を防ぐために周囲に液体窒素が充填されている. また，試料管は磁場の中心にある円筒状のプローブの中に挿入される. プローブに組込まれたコイルは "アンテナ" のような役割をして，核スピンを励起するためのラジオ波パルスの照射や核スピンの緩和の際に放出されるラジオ波の受信を行う. 受取った信号は連続波であり，デジタル化して計算機で処理することにより NMR スペクトルが得られる.

外部からの物理的な衝撃や鉄製品などの磁性体が接触すると，超伝導状態が破れ，電流が瞬間的に熱エネルギーに変わり，液体ヘリウムが一気に気化する危険な現象が起こる（クエンチという）. 最近は漏洩磁場が減って安全になってきているが，取扱いには注意が必要である.

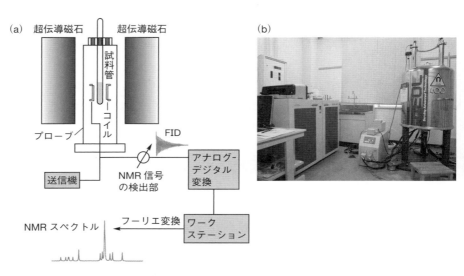

図 4・15　**NMR 装置の構成**　(a) 概略図，(b) 実際の装置（日本電子株式会社製）

4・5・2 NMR 測定に用いる溶媒および試料管

溶液 NMR に用いる溶媒は，重水素化した溶媒を用いることが多い. その理由として，一つは ^1H 核を多く含む一般的な溶媒の場合，スペクトル中に溶媒による巨大なシグナルが観測され，解析が困難になるからである. もう一つは測定の際に，"重水素"のシグナルを基準にして磁場変動（磁場の不均一性）のモニタリングと補正を行う**ロック**という操作が必要なためである. 重水素化溶媒は，試料の溶解性によって使い分けられ，重水（D_2O），重ジメチルスルホキシド（DMSO-d_6；$(CD_3)_2S{=}O$），重クロロホルム（クロロホルム-d；$CDCl_3$），重ベンゼン（ベンゼン-d_6；C_6D_6）などがよく用いられる.

試料溶液は，一般に NMR 測定用の外径 5 mm のガラス製チューブに入れ，専

重水素化率により値段は異なるが，ほとんどの場合99 % 以上のものを使うことが多い.

ロック（lock，固定するという意味）

用のキャップをして測定する．重水素ロックが適正に行われるように，均一で，適切な量の試料溶液を用いる必要がある．

　使用する溶媒を検討する際に，二つ重要なことがある．一つは，必ず完全に試料が溶解する溶媒を用いて，均一な溶液を調製することである．図4・15(a) のように，NMR の検出コイルの位置は試料管に入れた溶液部分の高さ方向の中ほどを取巻くように設計されているので，試料が沈殿や分離などした場合は検出されなくなる．さらに状態によっては，磁場の不均一性による化学シフトのずれを招くことがあり，観測されるシグナルの形が悪くなる場合もあるためである．

　もう一つは，溶媒を構成する原子と試料を構成する原子が交換することがあるので注意が必要である．交換しやすい代表的な原子は，ヒドロキシ基（OH），カルボキシ基（COOH），アミノ基（NH$_2$）などの官能基に存在する活性水素（プロトン：H$^+$）である（チャート4・1参照）．使用する溶媒が交換を促進することもあり，重水（D$_2$O）やメタノール-d_4（CD$_3$OD）などのプロトン性溶媒を用いると，溶媒分子の活性な重水素 D と，試料中のたとえば OH 基の軽水素 H が交換して OD となり，本来観測されるはずの試料の OH の ^{1}H NMR シグナルが観測されなくなる．

　この現象を応用すると，試料の活性水素のシグナルを特定することができる．NMR 測定で最もよく使われるクロロホルム-d（CDCl$_3$）のような水と相溶しない溶媒であれば，調製した試料溶液に重水を数滴加えて撹拌すると，試料化合物に含まれる軽水素が重水素に置換され，二層に分離した状態になる．この状態で ^{1}H NMR を測定し*，重水を加えていないスペクトルと比較することで，消失したシグナルが極性官能基のものであると判定することができる．

　活性水素の交換反応は，酸によって触媒される．たとえばエタノールの OH 基の ^{1}H 核はメチレンの ^{1}H 核と ^3J のカップリングを示し，トリプレットとして現れるが，もし溶媒中に極微量でも H$^+$ が含まれていると，エタノール分子間で OH 基の H の速い交換が起こってカップリングが消え，シングレットとして観測される．

4・5・3　NMR測定の基本的な原理

　NMR 現象を理解するために，ここでは数式を使わずに，ベクトルモデルを用いて説明しよう．電荷をもつ1個の ^{1}H 核はその自転によって磁場を発生するため，1個の小さな磁石としての性質が現れ，“磁気モーメント”をもつ．このような ^{1}H 核を静磁場中におくと，静磁場に沿った z 軸方向から少しずれた角度で，磁気モーメントがゆらゆらと首振り運動（歳差運動）をしている状態になる（図4・16）．このとき歳差運動の周期（周波数）は，磁気回転比 γ によって決まるので，（化学シフトの考慮を除けば）どの ^{1}H 核でも一定である．この周波数をラーモア周波数といい，NMR スペクトルで観測される共鳴周波数と同じになる．また，この首振り運動の向きは，スピンのエネルギー状態で異なり，^{1}H 核では核

最近の装置性能の向上に伴い，重水素化溶媒を使用しないで測定する技術が一般化されてきている．ただし，高精度の測定をする場合は，重水素化溶媒にしたほうがよい．また，試料管を二重にして，2種類の溶媒・溶液に分けて測定する方法などもある．

化学反応を伴う原子の交換については，特に“化学交換”ということがある．このような分子間反応だけでなく，結合の回転，立体配置の交換などを含めた NMR による解析を**動的 NMR**（dynamic NMR）といい，反応速度の解析や立体構造解析に用いられる．反応速度は温度によって変化するので，化学交換を起こす系の NMR を温度を変えて測定することで（**温度可変 NMR 分光法**，variable-temperature NMR spectroscopy），反応速度や活性化パラメータを求めることができる．

*　分離した状態でそのまま測定してもよいが，丁寧に調製するなら重水を除去した方が測定しやすい．

磁気モーメントは方向をもつ物理量であり，一般にベクトルで表される．

歳差運動（precession）

ラーモア周波数（Larmor frequency）

スピン量子数が 1/2 なので，静磁場の方向（α 状態：エネルギーが低い）と静磁場と反対方向（β 状態：エネルギーが高い）で磁気モーメントが回転している状態をとりうる．

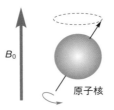

図 4・16 **歳差運動** 回転する物体の回転軸が，一定の角度をもって円運動（首振り運動）する

　この現象を磁気モーメントだけ残して，試料管に詰まった非常に多数の ^{1}H 核の全体について考えると，平均化された回転運動する磁気として残っている．熱平衡状態における α 状態と β 状態の比は，NMR の静磁場の強度であれば，静磁場と同じ向きの α 状態のほうがごくわずかに過剰になる．このとき，同じ周波数をもつ個々の核スピンの xy 平面に投影した成分は，スピンが同期していないために相殺し，静磁場に垂直な xy 方向の磁化は発生していない．しかし，z 軸方向では α 状態の割合が多いので，静磁場の方向に磁化が残ることになる（図 4・17）．この見かけの磁化は，全磁化（ベクトル）M_0 と定義され，個々のスピンの複雑な挙動ではなく，単純な一つの磁化としてモデル化することができる．ただし，個々のスピンは同じ共鳴周波数で回転しているので，見かけ上は止まっているように見えたとしても，全磁化は z 軸まわりで自転している状態である．そのため，この全磁化ベクトルを後述のパルス照射（共鳴）により傾けたとき，xy 成分は磁気モーメントの回転によって周期的な変化をしてしまう．これを避けるために，xy 座標が z 軸まわりにラーモア周波数で回転している「回転座標系（$x'y'$ 座標）」を導入する．この導入により，個々の磁気モーメントと座標の回転がそろうので，xy 成分が変化しなくなり，現象を理解しやすくなる．

回転座標系を理解するには，自分がメリーゴーラウンドに乗っている状態をイメージするとわかりやすく，自分からは他の馬や人の回転が止まって見えるのと同じである（降りて見ると回っている⇒静止座標系）．

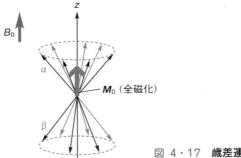

図 4・17 **歳差運動による z 軸方向の磁化**

パルス（pluse）
ごく短時間に照射される種々の周波数成分を含む矩形の信号．

　ここで，^{1}H 核が吸収しうるすべての周波数成分をもつように調整したラジオ波の**パルス**を回転座標系の x' 軸方向から照射すると，ラジオ波は電磁波である

ので磁場振動の成分をもつために，外部から静磁場 B_0 に加えて別の磁場 B_1 を作用させるのと同じ状態になり，全磁化 M_0 の向きの変化を誘起できる（図4・18）．ラーモア周波数と共鳴するような周波数であれば，個々のスピンに効率良く作用するので，M_0 もベクトルの向きを y' 軸方向に倒していく．途中でラジオ波の照射を止めれば，M_0 が傾いた状態で止まる．個々のスピン状態を考えると，① 熱平衡状態であったときよりも α 状態の割合が微減し，β 状態の割合が微増している，② バラバラだった歳差運動の位相が少しそろっている（"コヒーレンス" がある，という）と解釈できる．

回転座標系において B_1 は，「$x'y'$ 平面上で静止している磁場」であり，静止座標系においては「xy 平面上で z 軸を中心に回転する磁場」である．

θ が 90° になる条件（M_0 が y' 方向を向く）を 90° パルスといい，180° となる条件（M_0 が $-z$ 軸方向を向く）を 180° パルスという．このときパルスを与えた時間（t_w）を "パルス幅" という．

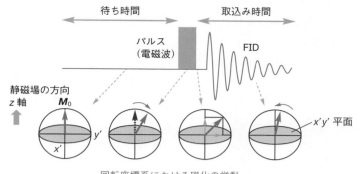

図 4・18 　^{1}H NMR スペクトル測定におけるパルスシークエンスとベクトルモデルの単純化した例

実際のパルスと磁化の挙動はもう少し複雑な側面もあるが，おおむね図のように単純化できる．

上記のような M_0 の傾いた状態では不安定なので，しばらく時間をおくと傾いた M_0 の $x'y'$ 平面に投射したベクトル成分はゆっくりと均一性を失い，z 成分の値が元に戻るとともに y' 成分の値が小さくなる．これが**緩和**とよばれる現象であり，この過程によって生じる横方向の磁化成分の消失過程（**横緩和**）の振動を誘導電流として検出すると，NMR 信号として取出すことができる．この時間経過とともに減衰する信号を**自由誘導減衰**（FID）とよぶ．これを "フーリエ変換" して時間軸の FID から周波数軸の NMR スペクトルへと変換することで実験データが得られる．

緩和（relaxation）

横緩和
（transverse relaxation）

自由誘導減衰（free induction decay，**FID**）

> 　**フーリエ変換**（**FT**）は，信号強度の時間変化を周波数による信号強度の強弱に変換することができる．これにより，複数の周波数の信号が混じった複雑な合成波形からでも，個別の周波数信号を取出してスペクトル（周波数と強度の関係）を得ることができる．

フーリエ変換（Fourier transform，**FT**）

　図4・18 はパルス照射と信号の取込みの様子を模式的に示しており，左から右へ時間が経過している．このような過程とパルス照射の関係を示した図は，**パルスシークエンス**とよばれる．励起に必要なパルスは非常に短い時間だけ照射する．一般に 10 μ 秒程度にして測定することが多い．これに対し，緩和は磁化が

パルスシークエンス（pulse sequence）
NMR 測定の時間経過を，打楽器の記譜のように表現することができる．

戻るまでに比較的長い時間がかかる. ^{1}H NMR のパルスシークエンスでは, 待ち時間と信号の取込み時間をいずれも秒単位（1秒〜10秒程度）とすることが多い. 一般に1サイクルのパルスシークエンスでは十分な感度が得られないため, 繰返し測定して**積算**することにより NMR スペクトルが得られる.

NMR 信号（シグナル）は微弱であり, 通常, シグナルの積算によって**シグナルノイズ比（S/N 比）**を向上させる（シグナルは何度測定しても同じ位置に現れ, ノイズはランダムに出るため）. スペクトルを n 回積算すると, シグナルの強度は n 倍になるが, ノイズの強度は $\sqrt{n}$ 倍になるため, n 回の積算によって, ノイズからみたシグナルの強度, すなわち S/N 比は $n/\sqrt{n}=\sqrt{n}$ 倍に向上することを意味する. NMR の感度は静磁場強度や分光計の性能に依存するので, 一概に必要な積算回数は決まっていない. たとえば, ^{1}H 核で 500 MHz の共鳴周波数となる現行の標準的測定装置では, 0.1 % のエチルベンゼンを測定したとき, 積算1回のスペクトルデータで 300〜400 程度の S/N 比であり, 十分に質の良いスペクトルが得られる. S/N 比は試料の濃度に比例するため, 濃度が低くなれば必要な積算回数も増える.

4・5・4 スピンデカップリング

前節のようにスペクトル測定をするときは, 励起に使うラジオ波パルスは短く照射し, すぐに切って FID を取込むことが重要である. パルスを切らずに照射し続けたとすると, "観測できない速い速度" でスピン状態を強制的に繰返し反転させることになるので, どちらの状態か区別できなくなってしまう. ここで, 4・4・7 節に示したスピン結合を思い返してみよう. スピン結合が生じるのは, カップリングする相手の核のスピン状態が α か β かの二通り存在することに起因する. もし観測する核の隣接核に限定してスピン状態を高速で交換させることができたら, 観測核と隣接核とのスピン結合を消去することができる. これを**デカップリング**という.

選択的デカップリングという手法では, 観測する ^{1}H 核とスピン結合している ^{1}H 核の化学シフトの位置を指定し, ごく狭い範囲の周波数成分のラジオ波パルスを照射して, デカップリングする. 図 4・19 の模式図は, 3種類の ^{1}H 核（H$_A$, H$_B$, H$_C$）が互いに ^4J と ^3J でスピン結合している様子を示しており, H$_B$ は2種類

積算（accumulation）

シグナルノイズ比（S/N 比）
（signal-to-noise ratio）

この現象を "飽和" とよび, さまざまな NMR 測定法（緩和時間測定, NOE 測定など）に活用されている.

デカップリング
（decoupling）

選択的デカップリング
（selective decoupling）

パルスシークエンスでは, 照射核（IRR）に SEL（selective pulse）と記載した.

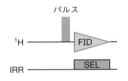

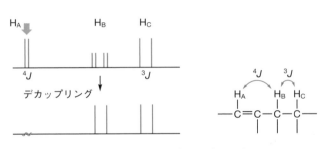

図 4・19　選択的デカップリング

の J により dd で分裂している．ここで H_A の化学シフトの位置に照射したとすると，「選択的に照射された H_A」はスピン状態の速い反転によってシグナルが消失する．一方，「H_A とスピン結合する H_B」は，H_A からのスピン結合がデカップリングされ，H_C とのスピン結合だけが残る．これにより，複雑な分裂が簡単になり解析しやすくなるだけでなく，元と比べて変化したシグナルを見つけることで，スピン結合していた相手の ^1H 核のシグナルを特定できるようになる．

スピン結合の影響は，^1H－^1H 間だけでなく，それ以外の核種（^{13}C 核など）のスペクトルにも影響を与える．多くの有機化合物では，分子中の ^1H 核の数が非常に多いので，^{13}C NMR スペクトルは解析できないほど複雑に分裂する場合がある．そこで，^1H 化学シフトの全領域に適用する周波数成分となるように調整されたパルスを照射することにより*，すべての ^1H 核のスピン結合を消去できる手法がある．これを**ブロードバンド（広帯域）デカップリング**とよび，^{13}C 核の測定では標準的に用いられている．

4・5・5 核オーバーハウザー効果

選択的デカップリングは FID を取込むときにパルス照射していたが，これを「取込む前（パルス励起する前）」に照射を行ってから，デカップリングを切って FID を取込むと，**核オーバーハウザー効果（NOE）**とよばれる現象が起こり，シグナル強度が変化することがある．

図 4・20(a) は，4・4・7 節でスピン結合の説明に使用した「化学シフトが異なる二つの ^1H 核が存在するときのエネルギー図」である．これらはスピン結合していない状態を示しており，シグナルの分裂がない状態である．熱平衡状態においてのスピンの占有数は，$\alpha\alpha$ が最も多く，$\beta\beta$ が最も少ない状態になっている．W はスピン状態の遷移確率を示しており，下付き数字が α と β の状態が変化した数を示している（$\alpha\beta \Leftrightarrow \beta\alpha$ の場合は入れ替わっているだけなのでゼロ）．

ここで，FID の取込みをする前の待ち時間中に H_A に選択的パルスを照射し続けると，$W_1(H_A)$（$\alpha\alpha \Leftrightarrow \beta\alpha$（I $\Leftrightarrow$ II），$\alpha\beta \Leftrightarrow \beta\beta$（IV $\Leftrightarrow$ III））を起こす準位の占有数差をゼロにして飽和させることができる．緩和する前の飽和状態であれば，直後に選択的でない通常のパルスを照射して測定しても H_A シグナルが消失した状態になる．デカップリングの手法と似ているが，そちらは FID の取込み時間中に照射し続けるという違いがあり，照射しているタイミングが違う点に注目して欲しい．

NOE 測定では，FID の取込み時間中にはパルス照射を止めているので，緩和過程に伴って H_A 以外のシグナル（想定図では H_B）による FID が観測される．もし，H_A と H_B の間に相互作用がない状態であれば，他の遷移過程が起こらないので，H_B のシグナルには何の影響もない．しかしながら，H_B が H_A と空間的に近接している場合，緩和の過程に伴って H_A と H_B のスピン状態が同時に交換する W_0 や W_2 の変化が起こるようになり，H_B の α と β の占有数差が減少した

* **コンポジットパルスデカップリング**（composite pulse decoupling，CPD）という手法を用いる．^{13}C 励起パルス前に CPD を照射している理由は後述．

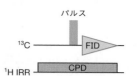

ブロードバンド（広帯域）デカップリング（broadband decoupling）

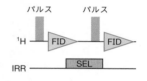

核オーバーハウザー効果（nuclear Overhauser effect，**NOE**）

図 4・20(a) 中の W_1 を "一量子遷移"（許容遷移）といい，NMR で直接シグナルとして観測できる過程である．それに対し，W_0 を "ゼロ量子遷移"，W_2 を "二量子遷移"（いずれも禁制遷移）といい，通常の ^1H NMR では観測されない．

H_A と H_B の間にスピン結合は必要としない．空間的に近いことだけが必要である．

これらの遷移による緩和は "交差緩和" とよばれる．

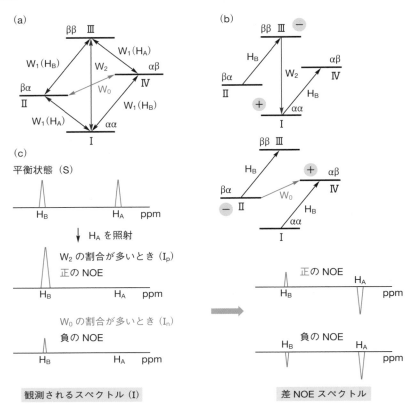

図 4・20(a) に示す $W_1(H_A)$ を H_A 照射によって飽和させると，熱平衡状態に比べて $\alpha\alpha$（I）と $\alpha\beta$（IV）の占有数が減り，$\beta\alpha$（II）と $\beta\beta$（III）が増える．ここで，系全体を熱平衡に戻す方向の W_2（$\beta\beta$（III）から $\alpha\alpha$（I）への占有数の移動）が起こると（図 4・20(b) 上図），$\alpha\alpha$（I）は増えるが $\alpha\beta$（IV）は変化しない．同様に，$\beta\beta$（III）は減るが $\beta\alpha$（II）は変化しない．したがって，$W_1(H_B)$（$\alpha\alpha$（I）→$\alpha\beta$（IV）および $\beta\alpha$（II）→$\beta\beta$（III）の遷移）は W_1（H_A）の飽和の前と比べて強度が増大する（正の NOE）．同様に，W_0 が多く起こるときは（図 4・20(b) 下図），$\beta\alpha$（II）から $\alpha\beta$（IV）に占有数が移るので，$W_1(H_B)$ の強度は減少する（負の NOE）．

図 4・20 **核オーバーハウザー効果** (a) H_A と H_B のスピン状態に関するエネルギー準位とそれらの間に起こる遷移，(b) $W_1(H_A)$ を飽和させたときの占有数の変化．＋ は増加，− は減少，(c) NOE および差 NOE におけるシグナルの強度変化の模式図

^{1}H 核と ^{1}H 核の NOE では，おもにシグナル強度が増加する．一般に，本書で取扱うような低分子化合物の場合は W_2 が有利になるので正の NOE が観測される．

り増加したりする．このため，H_A を照射後の測定では H_B のシグナル強度が変化する．これが NOE 現象であり，<u>シグナル強度の変化を利用して，照射したプロトンと空間的に近い ^{1}H 核を見つけることができる</u>．

つぎに，NOE によってシグナル強度がどのように変化するかを見てみよう．図 4・20(c) に示すように，平衡状態（S）で NMR を測定すれば，H_A は $W_1(H_A)$ によってシグナルが観測される（同時に H_B も $W_1(H_B)$ によって観測される）．ここで，H_A に選択的パルスを照射すると H_A のシグナルは消失するが，H_B のシグナル強度は以下のように変化する．

W_2 の割合が多い場合（I_p）：シグナル強度が増加し正の NOE を示す．
W_0 の割合が多い場合（I_n）：シグナル強度が減少し負の NOE を示す．

このような NOE によるシグナルの強度変化は小さいため，実際には，平衡状態のスペクトル（S）と H_A にパルスを照射したスペクトル（I）を交互に取込み，I から S のスペクトルを差し引くことによりシグナル強度の変化を測定する．こ

れを**差 NOE** という．I_P のように正の NOE があれば，H_B は上向きにシグナルが観測され，照射された H_A は下向きにシグナルが現れる．

　このような情報から核間距離を見積もることができ，NOE は有機化合物の構造解析において重要な現象の一つである．NOE には，以下のような特徴がある．

- NOE の強度は，理論的には核間距離のマイナス 6 乗に比例して急激に変化するため，強い NOE が見られるのは核間距離 0.23 nm（2.3 Å）以内（原子"数個分"くらいの間隔）であり，0.37 nm（3.7 Å）程度離れると，NOE はほとんど見えなくなる．

- 本項での説明は，理想的な 2 核間の場合に限られ，実際に差 NOE で測定すると単純な結果とはならない．たとえば，「(A) 選択的パルスを照射した核」，「(B) NOE を見たい核」，「(C) もう一つの核」の三つの核が存在する場合，B と C のほうが A と B よりも近いときに，"B から C への漏れ"の寄与が大きくなり，B 核の NOE 効果は理論値よりも大幅に小さくなる．差 NOE は「定常状態 NOE」に分類されるが，4・7・3 節の「過渡的 NOE」の測定ではこれらの問題が解消されるので，距離の測定ではそちらを用いるほうがよい．

- NOE はじっくり時間をかけて成長するので，構造の変化によって原子の相対的位置が速い交換をする場合は，NOE も平均化される．そのため，空間的に近い構造があったとしても，存在率が低ければ NOE が見えなくなることがある．

- NOE は，分子運動の速さによって理論的な最大強度が変わり，速いと正（最大 +50％）に，遅いと負（最小 -100％）になる．分子が小さいほど運動が速いので，本書で扱うような分子量 500 以下の小さな分子では，すべて正になると考えてよい．

- 照射している H_A 核が他の ^{1}H 核（おもに溶媒や水分子）と速い交換をする場合は，交換された ^{1}H 核も励起されてしまって，あたかも照射核のようにふるまうことがある．これは NOE 現象ではなく，シグナルの向きが照射核と同じ負になるので注意が必要である．

　NOE はスピン結合定数や化学シフト値の情報のみでは構造解析に不十分な場合にも有効である．ただし，便利な手法であるが，NOE が観測されないからといって必ずしも距離が遠いわけではなく，測定や解析にあたって細心の注意が必要である．

差 NOE（difference NOE）
差 NOE スペクトルの H_A と H_B の積分を求め，平衡状態における積分でそれぞれ割ってから比を求めると，どのくらい NOE が強く現れているかが計算できる．

たとえば，アルキル基においてゴーシュ形とトランス形が配座交換すれば，それらの存在率に依存するので，有用な情報は得られなくなる．

分子量が 1000 程度になると，NOE がゼロに近くなり，測定できないこともある．

たとえば，シクロヘキサン環の立体配座や，ポリエン鎖のシス-トランスの判別ができる．

4・6　^{13}C NMR 分光法

4・6・1　^{13}C NMR スペクトルと化学シフト

　有機化合物では，炭素核の NMR 測定からも構造に関する情報を得ることができる．最も多い同位体である ^{12}C（天然存在比は約 99％）は核スピン量子数がゼロ（$I=0$）であるため，NMR では ^{12}C 核を観測できない．一方，$\underline{^{13}\text{C}}$ 核は $I=1/2$

であるため NMR 活性となる.

^{13}C NMR 分光法の特徴をまとめると,以下のようになる.

- 共鳴周波数は磁場の強度が一定の場合,磁気回転比 γ の大きさに比例するので,^{1}H 核の約 4 分の 1 になる((4・3)式および表 4・1 参照).
- シグナルの実効感度は γ^3 に比例するとともに ^{13}C の天然存在比が約 1.1 %(^{1}H のおよそ 1/100)であるから,^{1}H 核と比べて約 1/5800 となり非常に低くなる(4・1 節参照).
- ^{13}C 核どうしではスピン結合により分裂したシグナルがほぼ観測されないが,多くの場合,^{1}H 核とはスピン結合しているため,スペクトルが複雑になる.このため,4・5・4 節で述べた "ブロードバンドデカップリング" により,^{1}H 核とのスピン結合の影響を消して,1 本のシグナル(シングレット)として観測する.
- 化学シフトの基準物質は ^{1}H NMR の場合と同じ TMS であり 0 ppm とする.また,化合物のシグナルがおよそ 0~220 ppm の範囲に観測される.
- ^{1}H 核のブロードバンドデカップリングによる正の NOE 効果と,緩和時間の差異による影響を受けるため,炭素に直接結合する水素の数によってシグナル強度が変化する.そのため,シグナルの積分比は炭素の数の比とあまり一致しない.

隣合った 2 個の炭素核が互いに ^{13}C である確率は,天然存在比から考えると 0.012 %程度にすぎない.

ブロードバンドデカップリングでは,正の NOE(4・5・5 節)効果により,FID を取込む前もパルスを照射し続けると感度がいくらか高くなる.したがって,p.93 の側注に示したパルスシークエンスで,CPD を常に照射しながら測定する.

^{1}H が結合していないものとしては,四置換炭素やケトンのカルボニル炭素などがあり,特にシグナル強度が小さくなる傾向がある.

図 4・21 にはテトラメチルアンモニウムカチオン $(CH_3)_4N^+$ の ^{13}C NMR スペクトルを示した.メチル基の ^{13}C と結合している三つの等価な ^{1}H 核とのスピン結合のためにカルテット(1:3:3:1)に分裂し,スピン結合定数(J 値)は 142 Hz となっている.この分裂パターンからも炭素核に結合している ^{1}H の数が判明する.また,ブロードバンドデカップリングで ^{1}H 核のスピン結合の影響を消すと,1 本の鋭いピークが 56.2 ppm に観測できる.

チャート 4・2 のように ^{13}C の化学シフト範囲はおよそ 0~220 ppm にわたるので,^{13}C の化学シフト値から化合物の構造に関する多くの情報が得られる.

^{1}H 核のブロードバンドデカップリングを行って測定した ^{13}C NMR のデータを記載するときは,^{13}C{^{1}H} と表記するのが通例である.

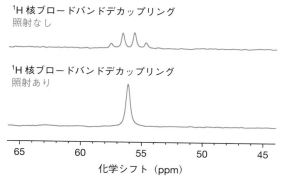

^{1}H 核ブロードバンドデカップリング
照射なし

^{1}H 核ブロードバンドデカップリング
照射あり

65   60   55   50   45
化学シフト(ppm)

図 4・21 テトラメチルアンモニウムカチオン $(CH_3)_4N^+$ の
^{13}C NMR スペクトル(150 MHz)

チャート 4·2　おもな ¹³C NMR 化学シフト

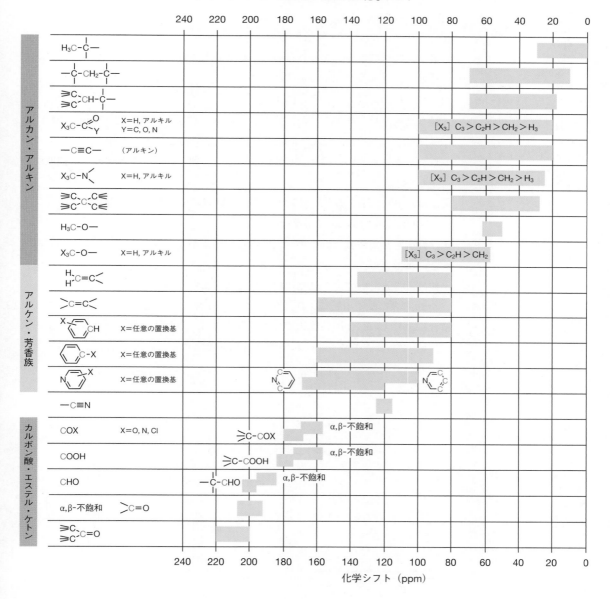

¹³C 化学シフトは ¹H のチャートと，ある程度は同様の傾向を示す．たとえば，高周波数（低磁場）から並べると，アルケン，芳香族（sp² 炭素）＞アルキン（sp 炭素）＞アルカン（sp³ 炭素）の傾向になり（4·4·3 節参照），アルカンでは CH ＞ CH₂ ＞ CH₃ の傾向になる．¹H ではアルキンとアルカンにほとんど差がなかったが，アルキンは，¹³C では ¹H ほど顕著に低周波数（高磁場）シフトしない傾向があり，20～100 ppm 付近までにわたる（次ページの側注参照）．また，酸素や窒素などの電気陰性度の大きい原子と結合した炭素は高周波数（低磁場）側にシフトする．特に sp² 炭素でもあるカルボニル炭素（C=O）をもつケトン

ハロゲン置換の場合は少し複雑であり，フッ素や塩素では同様の傾向が見られるが，原子量の大きな臭素やヨウ素では異常な低周波数（高磁場）シフトをする（重原子効果という）．たとえば，CH₃F では 71.6 ppm であるが，CH₃I ではマイナスの領域（−24.0 ppm）に現れる．

アルキンの^{13}C 化学シフト
末端が水素である −C≡
C−H の構造に限ると，
両末端が水素のアセチレ
ンの場合は 72 ppm，アル
キル基が結合した化合物
の場合は二つのアルキン
炭素がどちらも 60〜100
ppm 付近に現れる．しか
しながら，たとえばエト
キシ基（−OCH$_2$CH$_3$）が
結合すると，−O−C≡ が
90.9 ppm，≡C−H が 26.5
ppm となり，極端に離れ
て現れる．後者がかなり
低周波数（高磁場）側に
観測される理由は，4・
4・3 節で説明した共鳴
効果によるものである．

やアルデヒドは，200 ppm あたりの領域にシグナルが現れる．オキシカルボニル炭素（O−C=O）となるエステルは，ケトンより少し低周波数（高磁場）の 170 ppm あたりに現れて区別できる．オキシカルボニル炭素は共鳴効果により炭素の電子密度の低下が抑えられるので，やや低周波数（高磁場）シフトする．

　ここではブタン酸エチルの ^{13}C NMR スペクトルをもとにして，化学シフトについて具体的に見てみよう（図 4・22）．

・最も高周波数（低磁場）側に観測される F の化学シフトは約 174 ppm であり，チャート 4・2 からエステルのカルボニル基であることがわかる．また，カルボニル基は水素が直接結合していないので，他のシグナルと比較して強度がかなり小さい．

・E は約 60 ppm であり，電気陰性度の高い酸素原子が直接結合したメチレン基（−OCH$_2$−）であることがわかる．

・D は少し高周波数（低磁場）側にあり，カルボニル基の隣のメチレン基であると帰属できる．

・他は近接していて，これだけの情報では帰属がやや不確かである．

　なお，溶媒に使用した CDCl$_3$ のシグナルが見えているが，重水素とのスピン結合により 1：1：1 の強度比で 3 本に分裂する．これは，重水素はスピン量子数が "1" であり，エネルギー状態が 3 種類あるためである（^{1}H はスピン量子数が

細かいところであるが，図
4・1 のブタン酸エチルの
^{1}H NMR で見えていたの
はわずかに残存していた
C**H**Cl$_3$ であり，^{13}C NMR で
は CDCl$_3$ のうちの ^{13}**C**DCl$_3$
がシグナルを与える．

^{13}C スペクトルでは積分が
炭素数を表すとは限らない
ので，プロトンデカップリ
ングしたスペクトルの一重
線の本数で炭素数を数える
ことが多い．ただし，偶然
重なる場合と，対称性によ
り必然的に炭素数より少な
いシグナルを与える場合
（よく現れるのが，対称的
に置換したフェニル基な
ど）があるので，注意が必
要である．

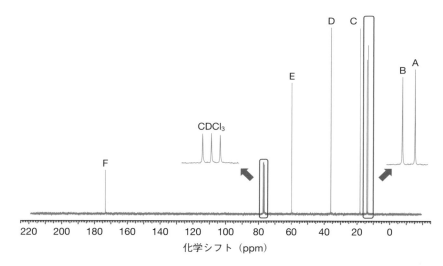

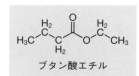

ラベル	化学シフト (ppm)	ラベル	化学シフト (ppm)
A	13.49	E	59.95
B	14.09	CDCl$_3$*	77.00
C	18.32	F	173.51
D	36.10		

* 77.42, 77.00, 76.57 ppm の強度の等しい 3 本線

図 4・22　ブタン酸エチルの ^{13}C NMR スペクトル

1/2 のために2種類).

4・6・2 DEPT

　炭素に結合した水素原子の数を判定する手段として，**DEPT**（13C DEPT）とよ
ばれる測定法がある．表4・2に示すように，DEPTでは<u>シグナルの向き（上向
き・下向き）によって炭素に結合した水素原子の数がわかる</u>．この原理について
は少し難しいので割愛するが，1H–13C のスピン結合（1J）の展開が，炭素に結合
した水素原子の数によって異なる位相になることを用いている．最後に使用する
パルスの幅（照射時間）を変えて磁化ベクトルの角度を制御すると，得られるシ
グナルの向きが13C核に直接結合した1H核とのスピン結合の多重度*によって
変わる．たとえば，135°となるパルス幅で磁化の角度を制御する場合，DEPT135
と称する．

DEPT（Distortionless
Enhancement by
Polarization Transfer）

* n+1 則から水素の数
に依存して分裂するので，
アルキル基の13C シグナル
は，メチル基が4本，メチ
レン基が3本，メチン基が
2本に分裂し，四置換炭素
は分裂しない．これが
DEPTでアルキル基の種類
が判定できる理由である．

DEPTの用途としては，表
のようにアルキル基の判定
に使うことが多いが，炭素
に直接結合する水素の数だ
けで向きが決まるので，置
換基が結合した芳香族炭素
や，多環芳香族において縮
合位置の炭素の判定にも用
いられる（水素が結合して
いれば上向きで，していな
ければ消失する）．

表 4・2　DEPT における炭素の種類とシグナルの向き

炭素の種類	磁化ベクトルの角度		
	45°	90°	135°
–CH₃（メチル基）	↑	—	↑
–CH₂–（メチレン基）	↑	—	↓
>CH–（第三級）	↑	↑	↑
>C<（四置換炭素）	—	—	—

矢印はシグナルの向きで，「—」はシグナルが消えることを示す．

　図4・23に示したブタン酸エチルの DEPT135 スペクトルを例に見てみよう．
メチル基が上向き，メチレン基が下向きに観測され，水素が結合していないカル
ボニル基 C=O は見えないことがわかる．この結果から，図4・22におけるシグ
ナルAおよびBはメチル基であることが確認できる．

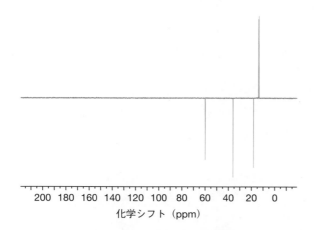

　200 180 160 140 120 100 80 60 40 20 0
化学シフト（ppm）

図 4・23　**ブタン酸エチルの DEPT135 スペクトル**

4・7 二次元NMR分光法

4・7・1 二次元NMRスペクトルの特徴

一次元 NMR スペクトルにおいて，シグナルが重なり合ったり分裂が複雑になって構造解析が困難な場合に，二次元 NMR（2D NMR）スペクトルを用いることにより迅速で明確な解析が可能となる．二次元 NMR 分光法にはさまざまな手法があるが，これらについては後で具体的に解説することにして，まずは一次元（1D）スペクトルと比較しながら二次元（2D）スペクトルの特徴について見てみよう．

2D スペクトルは，1D スペクトルを模した透明なカードを何枚も重ね合わせたようなデータとなり，三次元の箱の中にスペクトルを描いたようなイメージとなる．

- 1D スペクトルでは横軸に周波数（化学シフト），縦軸にシグナル強度を示して平面図にしているのに対して，2D スペクトルでは 1D スペクトル平面の垂直方向に新たにもう一つの 1D スペクトルの周波数軸を増やすように展開する（図 4・24 の右下の図のようになる）．実際には見やすいように，横軸と縦軸に周波数を示し，この二つの周波数軸に対してシグナル強度を等高線で表示して平面図にしている．
- 新たに加えられた周波数軸は化学シフト（別の核種でもよい）やスピン結合などとすることができ，シグナルどうしの"相関"などを解析できる．
- パルスの照射の仕方（パルスシークエンス，後述）を工夫することで，さまざまな情報を得ることができる．

4・7・2 二次元NMRスペクトルが得られる仕組み

4・5・3 節で示した FID は，時間によって指数関数的に減衰する，各核が緩和過程で放出するラジオ波の正弦波の重ね合わせであり，FID のフーリエ変換によって個々の正弦波を分離してそれぞれの周波数（共鳴周波数）を求め，基準物質の共鳴周波数からの差を δ という比で表した．これが一次元 NMR（1D NMR）である．2D NMR では，1D NMR におけるラジオ波取込みの時間領域（検出期（D））に加えて，パルスシークエンスに以下の三つの時間領域が組込まれている．図 4・24 に 2D NMR のパルスシークエンスとスペクトルの取得の仕方についての概略を示した．

準備期（P）：磁化を励起して初期の仕込みをする（第一のパルス系列）

展開期（E）：P でつくった磁化を化学シフトやスピン結合により同時に発展させる

混合期（M）：観測可能な磁化に変換する（第二のパルス系列）

本書では具体的なパルスの操作および検出の方法についての解説は省略し，2D スペクトルから得られる情報と解析の手順を中心に説明する．

まず，2D NMR の測定法では，展開時間 t_1 を徐々に変えながら何枚も FID の取込みを行う．測定法にもよるが，その枚数は $64(2^6) \sim 512(2^9)$ 枚ほど必要になる．これらの FID をフーリエ変換して順番に並べると，その強度は図 4・24 のように周期的に変化する．これは人工的につくり出された FID であり，さらに

フーリエ変換すれば，新しいスペクトルの f1 軸（照射側）が得られる．一方，検出期において FID として取込んだほうは f2 軸（観測側）に相当する．また，実際のスペクトルでは，三次元表記では見にくいので，地図の等高線のように輪切りにして，シグナル強度の高いところだけを取出して平面図にする．

　多くの 2D スペクトルは，新しい周波数軸を化学シフトで表し，^{1}H スペクトルー^{1}H スペクトルや，^{1}H スペクトルー^{13}C スペクトルのようにして，スペクトルのシグナルとシグナルの間にどのような "相関" があるのかを示す．

準備期と混合期に磁化のベクトル方向（位相）を適切に操作すると，展開期で観測核へ "磁化移動" するような条件になり，元のスピンの占有数に変化を与えるので，相関があるシグナルどうしの化学シフトの "座標" に "交差" するように，スペクトルのシグナル（交差ピーク，4・7・3 節）として観測することができる．

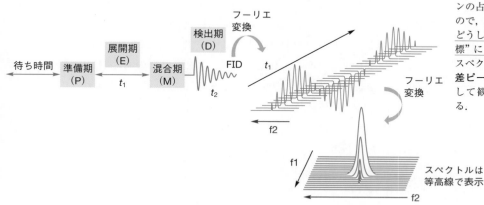

図 4・24　2D NMR のパルスシークエンスとスペクトルの取得の仕方

　ここまで 1D NMR から 2D NMR を得る方法を述べたが，実際に 2D NMR を活用してスピン結合や NOE などの情報を取出すには，P-E-M 期に特別な磁化の操作が必要である．具体的な原理や技術は本書では述べないが，いくつかの事例をあげて紹介しよう．表 4・3 には，有機化合物の構造解析に使用されるおもな 2D NMR 分光法について示した．これらの使い方については次節で実際のスペクトルをまじえながら具体的に解説する．

表 4・3　有機化合物の構造解析に用いられるおもな 2D NMR 分光法

種　類	使用する相互作用	得られる情報
COSY	スピン結合（$^2J_{HH}$～$^4J_{HH}$）	共有結合を通しての二つの核のつながり
TOCSY	スピン結合（$^2J_{HH}$～$^4J_{HH}$）	共有結合を通しての一連の核のつながり
NOESY	NOE（主として）	二つの核間の空間的な距離
HMQC HSQC	スピン結合（$^1J_{HC}$） スピン結合（$^1J_{HC}$）	直接結合している異種核間のつながり
HMBC	スピン結合（$^2J_{HC}$～$^4J_{HC}$）	複数の結合を通しての異種核間のつながり

4・7・3　二次元 NMR 分光法の実際

^{1}H–^{1}H COSY（^{1}H–^{1}H 相関分光法）

　COSY は，どのシグナルの間に ^{1}H どうしのスピン結合があるかを調べる手法

COSY（COrrelation SpectroscopY）

である．図 4・25 は COSY を模式図で説明したものである．大きな四角い枠の中が COSY スペクトルであり，その上と左には，同じ化学シフト範囲の 1D の ¹H NMR スペクトルが貼り付けられている．COSY の対角線上には，すべての

対角ピーク（diagonal peak）

¹H NMR のシグナルについて，**対角ピーク**が現れる．COSY のように同種核を扱う 2D スペクトルでは，対角ピークは自分自身との相関を表すため，意味をもたない．一方，スピン結合している核どうしのシグナルは**交差ピーク（クロスピー**

交差ピーク（クロスピーク）
（cross peak）

ク）として対角線をはさんで対称に観測され，スピン結合がない核には観測されない．図 4・25 に示すように，ある有機化合物の 3 種類の ¹H 核（H_A, H_B, H_C）を想定してみよう．1D スペクトルでは，H_A と H_B の間にはスピン結合があり，それぞれのシグナルはダブレットとなる．一方，H_C はスピン結合がなく，シグナルはシングレットとなる．したがって，スピン結合のある H_A と H_B の間には交差ピークが現れるが，スピン結合のない H_C は交差ピークが現れない．

　COSY は，J 値が数 Hz 以上くらいまでならスペクトルに見えてくる．したがって，COSY ではジェミナルカップリング（$^2J_{HH}$）や，ビシナルカップリング（$^3J_{HH}$）がおもに解析に利用される．

COSY はスペクトルのうねりによって，特に対角ピーク付近のシグナルの判別がしにくい場合がある．そのうねり成分を消去するために，DQF-COSY（二量子フィルター COSY）もよく有機化合物の構造解析に利用される．

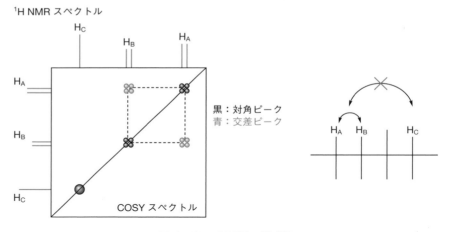

黒：対角ピーク
青：交差ピーク

図 4・25　COSY の模式図

　実際のスペクトルを解析してみよう．図 4・26 は，ブタン酸エチルの COSY スペクトルと，上と左に ¹H NMR スペクトルを貼り付けたものである．丸印を付けた e（4.13 ppm）のシグナルから COSY スペクトルに垂線（¹H NMR スペクトルが横向きなので右方向）を下ろしてみると，青色の矢印が対角線と交わる位置に対角ピークがある．さらに破線の矢印の延長上をたどってみると b（1.26 ppm）にだけ交差ピークがあり，e と b は互いにスピン結合していることがわかる．ここで，対角ピークから交差ピークを探すのがコツであり，交差ピークから別の交差ピークを相関と思って見てはいけない．また，対角線をはさんで対称の位置にも同じ交差ピークがあるが，どちらを見ても意味は同じである．e は化学

説明のために左から右の方向に見ているが，上から対角ピークまで下ろして戻るようにしても結果は同じである．

たとえば，c-d と c-a の相関から，a と d に相関があると思ってはいけない．

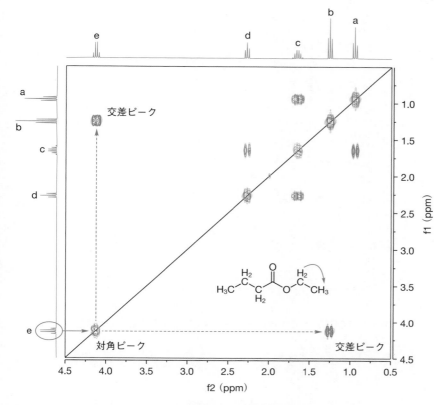

図 4・26 **ブタン酸エチルの COSY スペクトル**

シフトから酸素原子の隣のメチレン基の水素であることがわかっているが，^3J の
スピン結合があるのは隣のメチル基の水素とだけである．したがって，e のメチ
レン基の隣のメチル基は b であり，a のメチル基と隣接しているのではないこと
がわかる．

他の ^1H 核は ^5J 以上であり，
スピン結合が小さすぎて
まったく見えない．

同様に，a と c，c と d に相
関があることもわかる．

TOCSY（全スピン結合相関分光法）

TOCSY は COSY と同じく ^1H-^1H スピン結合の相関が得られる手法であるが，
より遠い "相関" まで見ることができる．

たとえば，図 4・27 のような直鎖状の構造を想定した模式図で考えてみよう．
H_A-H_B と H_B-H_C には COSY 相関があり，H_A-H_C がなかった場合でも，TOCSY
では H_A~H_C のすべての相関にピークが観測される．一方，H_C と H_X は相関が
切れているので，COSY と TOCSY のいずれも H_C と H_X の相関はない．TOCSY
の特徴は，スピン結合がつながっているグループ（特に "スピン系" ということ
がある）は，縦または横にスライスしたスペクトルを取得すると，どれもほとん
ど同じになるという点である．実際，青色の破線のデータと黒色の破線のデータ
はそれぞれ同じ位置に相関が現れていることがわかる．つまり，COSY は相関を
四角の形で見ていたのに対し，TOCSY は横（または縦）のラインで見ればよい

TOCSY（TOtal Correlation
SpectroscopY）

TOCSY での相関は，まる
でリレーのようにつながっ
て見えることから "リレー
シフト相関" という呼び方
をすることもある．

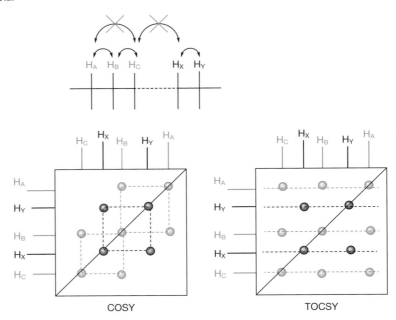

図 4・27 において COSY と TOCSY を 比 較 す る と，H_A–H_C の相関だけ増えていることがわかる.

図 4・27　TOCSY と COSY との比較（スピン結合による分裂は表記を省略）

ので相関が見つけやすい. ただし，隣合っている水素がどれかは区別できないので，COSY を併用する必要がある.

　このように TOCSY ではスピン結合がつながるグループを判別することができる. 模式図ではすべての化学シフトがきれいに分かれているが，実際のスペクトルでは対角ピークや他のピークに重なってしまうこともある. TOCSY であれば，COSY でピークが重なっていても他のピークから帰属できるので，難しいスペクトルでも解析できることがある.

このため，繰返し構造の多い糖類などの解析にとても重要な測定法である.

NOESY（NOE 相関分光法）

NOESY は NOE による相関を見るものである. COSY ではスピン結合によって交差ピークが観測されたが，NOESY では空間的に近い距離にあると交差ピークが観測される. NOE の項でも説明したように，少しでも遠い距離にあると急激に強度が小さくなるので，ピークとして見えるには 0.3 nm（3 Å）以下くらいに近接している必要がある.

　差 NOE では選択的に一つの核を照射して，照射していないスペクトルとの差スペクトルを取得したが，NOESY ではスピンを一斉に 180° 反転させてから，展開期に緩和させる間に NOE を成長させるという手法をとる. このときの NOE を**過渡的 NOE** とよぶ.

　過渡的 NOE は，1 回の積算で一つの FID がとれるため，差 NOE のように 2 枚のスペクトルの差分を用いているのに比べて，外的な干渉が抑えられて質の高いスペクトルが得られる. それでも，NOE は原理的に感度が悪いので，かなり

NOESY
（NOE SpectroscopY）

過渡的 NOE
（transient NOE）

最初の励起時に選択照射できるパルスを用いると，1D スペクトル 1 枚の測定で，2D スペクトルの重ね合わせから 1 枚だけ取出したようなスペクトルを得ることができる. 2D NMR を短時間で測定するための基本技術となっている.

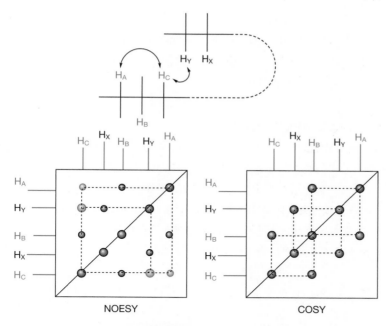

図 4・28 **NOESY と COSY の比較**　○: NOE 相関（負の位相）

の測定時間がかかる．対策として，NOESY のパルスシークエンスを応用して，スペクトルを一次元化する 1D NOESY という手法がある．差 NOE より質が高いデータが得られるので，ほとんどの場合はこちらが用いられる．

　図4・28 は NOESY スペクトルの模式図と，比較のために COSY スペクトルを並べている．

- COSY と同じように対角線上に"対角ピーク"が見えるが，これは差 NOE でいうところの「選択照射したピーク」に相当する．NOE は全体的に感度が悪いので，対角ピークが特に顕著に強くなる．

- 図に示したように立体的な分子構造によって H_C 核と H_Y 核が空間的距離が近く，NOE 相関が観測されており，"対角ピークとは逆向きの位相のピーク"が見られる．NOESY では，自動処理の都合もあり，強度の強い対角ピークを正，NOE 相関を負の位相に合わせることが多い．

- 図の H_A と H_C のように空間的な距離が近ければ，最小で 4 結合を隔てた距離でも NOE 相関が観測されることがある．代表例としては，いす形シクロヘキサンの 1,3-ジアキシアル構造がある．エクアトリアルでは NOE 相関が出ないので，立体配座の特定に役立つ．

- NOESY を測定すると，COSY 相関のある位置に残存ピークが見られることも多い．これは真に見たい NOE ではなく，他の遷移過程から生じる残存信号にあたり，シグナルの向きが分散型（正負が混じった形）になることがある．NOE と混在して見えることもありうる．したがって，見たい相関が 3 結合以下では，スピン結合の寄与が大きくなりやすいので，NOE の判定に

データ処理の都合であり，反転させて表示しても問題はない．

1,3-ジアキシアル構造

用いるのは不適切とするべきである.

このように，NOE 相関をはっきりと見分けるには，<u>対角ピークと逆位相の</u>
<u>ピークを探すこと</u>と，<u>COSY スペクトルと比較して NOESY で新たに見えたピー</u>
<u>クを判別すること</u>を行うとわかりやすい.

HSQC・HMQC（異種核直接相関）

HSQC（Heteronuclear Single Quantum Coherence or Correlation）

HMQC（Heteronuclear Multiple Quantum Coherence or Correlation）

観測されるのは，$J=120\sim$ 170 Hz 程度であり，ほとんどの $^1H-^{13}C$ 相関がわかる．アルキン（H−C≡C）の J 値は大きいので，相関を検出するには少し設定を変更する必要がある.

HSQC と **HMQC** は，どちらも「^1H 核と ^{13}C 核が“直接結合”した条件のときに相関として観測される手法」である．HSQC は分解能が良いが，HMQC はピークが歪むため分解能が少し悪い．一方，HSQC では位相補正が必要となるが，HMQC では必要ないので簡単に処理できる．目的によって使い分ければよく，どちらでも実質的に，以下のような結果が得られる.

① メチル基（^1H 核が等価）およびメチン基は，一つのピークとして観測される.

② メチレン基は ^1H 核が等価であれば一つのピーク，非等価であれば二つのピークが観測される．非等価な場合は，^{13}C の化学シフトが同じで ^1H が異なる位置（水平方向に二つのピークが並ぶ形）に観測されるので，容易に区別することができる.

③ ^1H が結合していない ^{13}C は検出されない（四置換炭素，カルボニル炭素など）.

④ ^{13}C 側に投影したスペクトルを取得すると，<u>③ の炭素を除く ^{13}C NMR スペクトルが得られる</u>（ただし，分解能は二次元並みなので低い）.

⑤ 直接結合した以外の相関がないので，^1H と ^{13}C の関係は 1 対 1 となり，<u>ど</u>
<u>ちらかの核種の帰属が決まれば，もう一方の核種のスペクトルに適用するこ</u>
<u>とができる</u>.

HSQC と HMQC は，パラメータを適切に設定すれば，$^1H-^{13}C$ だけでなく，$^1H-^{15}N$, $^1H-^{29}Si$ のような他の核種（核スピン量子数 I が 1/2）でも測定することができる.

図 4・29 は，ブタン酸エチルの HSQC スペクトルである．ブタン酸エチルは，メチル基が 2 個，^1H が等価なメチレン基が 3 個であるが，実際に五つのピークが観測されることがわかる．C=O は ^1H が結合していないのでピークがまったく見られない（図 4・29 では表示していない）．矢印はシグナルの帰属の対応を示しているが，^1H と ^{13}C の化学シフトを同時に見ることができるので，解析がしやすくなっていることがわかる．たとえば，^{13}C において 14 ppm 付近の二つのメチル基のシグナルが近接していて帰属できなかったが，^1H は少し離れているので帰属することができる（図ではスペクトルを拡大図で示している．^1H 核の帰属は 4・4・3 節の誘起効果の項，および図 4・26 の COSY の結果を参照）.

HMBC（異種核ロングレンジ相関）

HMBC（Heteronuclear Multiple Bond Correlation）

HMBC は，^2J 以上の「結合が二つ以上離れた $^1H-^{13}C$ ロングレンジ相関」が見える測定法である．遠くなるほど J 値が小さくなって測定が困難になるので，

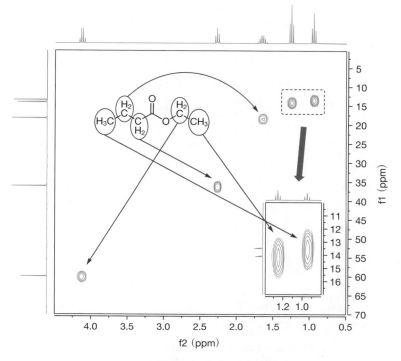

図 4・29　ブタン酸エチルの HSQC スペクトル

現実的には ^4J くらいまでが限界である．また，近ければシグナル強度が大きい
というわけではなく，純粋に J 値の大きさが設定したパラメータに近いかで決
まる．標準設定では大きめの J（$7\sim10\,\mathrm{Hz}$ 相当）に設定するので，J 値があまり
大きくない $^2J_{HC}$ は強度がやや小さく，<u>J 値が大きくなりやすい $^3J_{HC}$ が最も顕著</u>
<u>な相関ピークとなって現れることが多い</u>．これは HMBC の解釈において間違え
やすい点であるので注意しよう．^4J はアルカンなら J 値が小さいので見えにくく，
二重結合があるアルケンなら検出されることが多い．また，立体障害や環状構造
などによって結合が回転しにくい状態であると，結合角が固定されることによっ
て見えないこともある．このような構造では，HMBC の解釈が非常に難しくな
ることもあるので，立体構造がどのようになっているかも考えて解析する必要が
ある．HMBC のシグナル強度は，$^3J_{CH} > {}^2J_{CH} > {}^4J_{CH}\cdots$ のような傾向がある．構
造によってはこれらの順序通りにならないこともあるので，どのような構造であ
ると J が大きくなるかを知っておくとよい．4・4・7c で説明しており，また巻
末の付録に典型的な J 値を掲げてあるので，わからないときは確認して欲しい．
　また，HMBC のパルスシークエンスは，^1J の相関（HMQC）が消えるような
フィルターをかけている．しかし，完全に消えるわけではないので，いくらか残
存ピークが残ってしまう．ただし，^1J を見分けるのは簡単で，^1H 側にダブレッ
トに分裂してピークが現れる（分裂幅はそのスピン結合の ^1J になる）．実際の例
としては，図 4・30 のブタン酸エチルの HMBC スペクトルに ^1J であることを矢

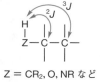

$Z = CR_2, O, NR$ など

混み合ったスペクトルで
は，隣のピークと偶然重
なってしまうこともあるの
で注意しよう．

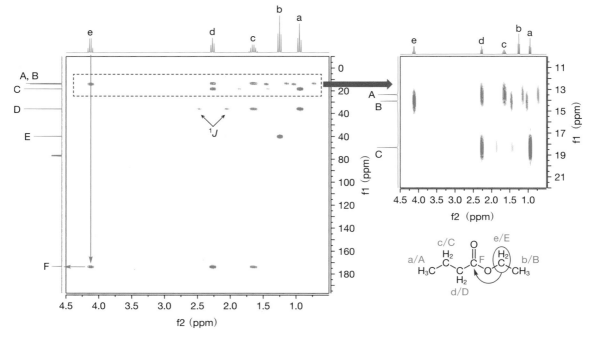

図 4・30　ブタン酸エチルの HMBC スペクトル

直鎖構造の場合，IUPAC の
命名法に基づくよりも単
純に数字を順番に付けた
ほうがわかりやすい（ヘテ
ロ原子も含める）．なぜな
ら，［数字の差］＋［相関を
見る核間に存在する C–H
結合の数］が n に相当す
るからである．［相関を見
る核間に存在する C–H 結
合の数］は COSY なら 2，
HMBC なら 1 である．枝
分かれ構造の場合は，構造
によっては複雑になってし
まうので，自身のセンスで
決めてみるとよいだろう．

印で示した部分に見られるが，^{1}H の "d" のシグナルから下ろした垂線と ^{13}C の
"D" のシグナルからの水平線が交差する箇所にピークがなく，そこから左右二
つに分裂していることがわかる．

　図 4・30 では，^{1}H NMR スペクトルの "e" と ^{13}C NMR スペクトルの "F" と
の相関に注目すると，構造式で丸印を付けたメチレン基の ^{1}H と，カルボニル基
の ^{13}C との相関であると帰属できる．この間の結合の数は，H–C–O–C の 3 個
であり，^3J に相当する．^{13}C の F にはそれ以外に ^{1}H の "c" と "d" の二つの相
関ピークが見えている．構造式に対応する帰属を付しているが，それによると
d-F が ^2J，c-F が ^3J の相関で見えていて，a-F と b-F は ^4J となるから見えていな
いことがわかる．したがって，^2J と ^3J が見えて，^4J が見えないので，今までの帰
属が適切な結果であることが証明できる．

　また，このような帰属を進めていくと，HSQC・HMQC と HMBC をまとめて，
表 4・4 のように示すことができる．ここで，数字は ^nJ の n を示し，^1J は
HSQC・HMQC から取得し，^2J〜^3J は HMBC から取得している．構造式の青色
の丸の数字は単純に左から番号付けをしたもので，帰属の対応となる（⑤ は酸
素原子なので欠番）．

　この表から，きれいに ^1J〜^3J でまとまっており，それ以外は ^4J 以上であり，
すべてに矛盾がないことがわかる．ここまで綿密に調査すれば，帰属には疑いが
ないといえるだろう．

表 4・4　HSQC・HMQC/HMBC 相関表

¹³C ＼ ¹H		⑥ e	③ d	② c	⑦ b	① a
①	A		3	2		1
⑦	B	2			1	
②	C			2	1	2
③	D			1	2	3
⑥	E	1			2	
④	F	3	2	3		

$$\overset{②}{\underset{①}{H_3C}}\overset{O}{\underset{③}{\underset{H_2}{C}}}\overset{}{\underset{④}{C}}\,O\,\overset{⑥}{\underset{}{\underset{H_2}{C}}}\overset{⑦}{CH_3}$$

練 習 問 題

4・1　下記 ①〜⑥ の文について正誤を判定せよ. また, 誤りがあるものについてはどこがおかしいか指摘せよ.

① ¹H NMR によりベンゼンとアセトンをそれぞれ測定したとき, ベンゼンの ¹H 核に帰属されるシグナルの化学シフトは, アセトンの ¹H 核よりも低周波数（高磁場）側に観測される.

② ¹H NMR によりトルエンとメタノールをそれぞれ測定したとき, メチル基の ¹H 核に帰属されるシグナルの化学シフトは, トルエンのほうがメタノールよりも低周波数（高磁場）に観測される.

③ フェノールの ¹H NMR では, 誘起効果によりオルト位（2,6 位）の ¹H 核がメタ位（3,5 位）の ¹H 核よりも低周波数（高磁場）シフトする.

④ 酢酸エチルまたは 2-ブタノンのいずれかが含まれる試料があり, ¹³C NMR スペクトルにより 209.3 ppm にシグナルが観測されるので, この試料に含まれるのは 2-ブタノンであるとわかる.

⑤ ¹H NMR によりベンゼンを測定したとき, 隣合う水素の数が 2 個あるので, ベンゼンの ¹H 核は 3 本に分裂する.

⑥ アルキル基のビシナルカップリングの二面角 (θ) が 60° になる構造（ゴーシュ型）と 180° になる構造（アンチ型）を比較すると, J 値が大きいのは 60° となる場合である.

4・2　つぎに示す NMR スペクトルは, あるインドール誘導体のものである. ただし, 2 位または 3 位のどちらかに, 次ページに示した図のような置換基が結合しているが,（A）と（B）のどちらの構造であるかは, まだわからないものとする. また, 追加として以下の情報がある.

・試料は不斉化合物であるが, ラセミ体である.
・¹H NMR の共鳴周波数が 500.13 MHz となる装置で測定した.
・試料は溶液として測定し, 溶媒には DMSO-d_6 を用いた.

インドールはベンゼン環とピロール環が縮合した構造をとる有機化合物のこと.

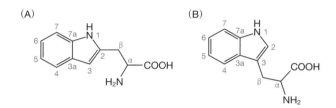

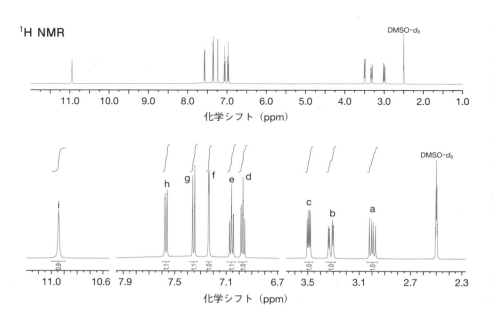

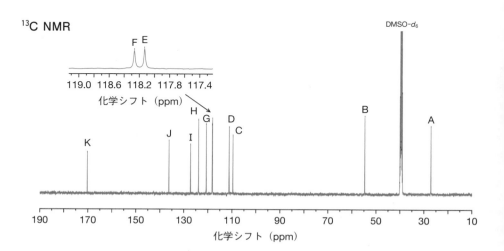

¹³C DEPT

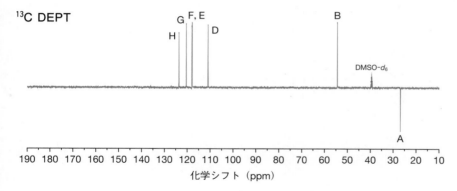

COSY

TOCSY

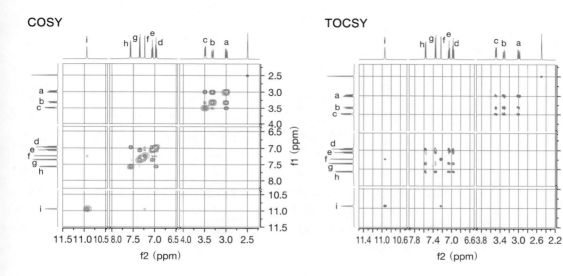

HSQC

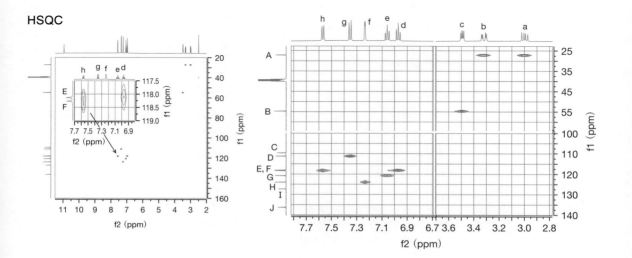

HMBC

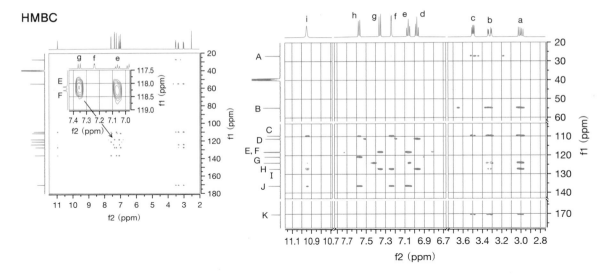

以上をもとに，1)〜3) の問いに答えよ．

1)　^{1}H NMR スペクトルにおいて，比較的低周波数（高磁場）側に現れるシグナルは (a)〜(c) の三つであるが，これらは構造式の α 位のメチン基の ^{1}H 核一つと，β 位にあるメチレン基の ^{1}H 核二つのいずれかに帰属されるはずである．メチレン基の二つの ^{1}H 核が異なる化学シフトをもつ理由として，正しいものを以下の ①〜⑤ から一つ選べ．

ヒント：メチレン基の等価性について確認しよう（4・4・5 節）

①　二つのメチレン基の ^{1}H 核は互いに化学的等価であるが，メチン基の ^{1}H とのスピン結合によって磁気的非等価になっているため．

②　インドール環とメチレン基との結合の回転が著しく阻害されることにより，メチレン基の ^{1}H 核が互いに化学的非等価となっているため．

③　メチレン基の水素が鏡面対称の構造であり，互いに化学的非等価となっているため．

④　メチレン基の ^{1}H 核がジアステレオトピックな位置関係にあり，互いに化学的非等価となっているため．

⑤　メチレン基の ^{1}H 核は化学的等価であるが，ラセミ体（R 体と S 体が 1：1 の比）であるから，異なる化合物として化学シフトが異なって観測されるため．

2)　次ページに示した表は，三つのアルキル炭素上の ^{1}H 核のシグナル (a)〜(c) について，各ピークの位置を ppm（化学シフト値）および Hz（共鳴周波数を掛けた値）でまとめたものである．この表とスペクトルから分裂様式を調べ，各シグナルについて J 値を小数点以下 1 桁で求めよ．また，これらの J 値のうち，ジェミナルカップリング（$^2J_{HH}$）に相当するものをあげよ．

ヒント：求める J 値の個数は，分裂様式によって変わるので注意すること．たとえば dd なら求める J は二つである．

3)　設問 2) における三つのシグナルのうち，3.51〜3.48 ppm のシグナル (c) と 3.34〜3.30 ppm のシグナル (b) との化学シフトの差を求めよ．また，これらのシグナル間の J 値を帰属し，スピン結合による分裂が AX 型になるか，AB 型になるかを判定せよ．

	ppm	Hz
a	2.97	1487.59
	2.99	1496.30
	3.00	1502.76
	3.02	1511.41
b	3.30	1650.39
	3.30	1651.38
	3.31	1654.70
	3.31	1655.64
	3.33	1665.54
	3.33	1666.52
	3.34	1669.84
	3.34	1670.82
c	3.48	1740.55
	3.49	1744.85
	3.50	1749.29
	3.51	1753.45

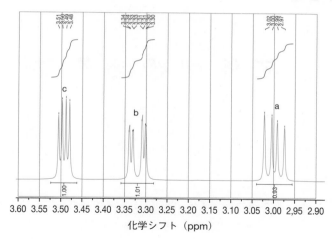

4) ¹³C NMR スペクトルについて，つぎの三つのシグナルを帰属せよ．　　　　　ヒント：DEPT および
　(A) 27.1 ppm，(B) 54.7 ppm，(K) 170.3 ppm　　　　　　　　　　　　　　HSQC を使ってみよう．

5) 以下のヒントをもとにして，化合物 (A) または (B) のどちらであるか同定せよ．
　• インドール環の NH の ¹H 核は，DMSO-d_6 溶媒中において 10.94 ppm にややブ
　　ロードなシグナルとなって観測されている．
　• 芳香族の ¹H 核が一つでも特定できれば，重要なヒントになる．6 員環の芳香
　　族 C–H の $^3J_{HH}$ は 6~9 Hz 程度となるが，5 員環では 2~6 Hz 程度とやや小さ
　　くなることが多い．化合物(A) の 3 位または化合物(B) の 2 位のいずれかに帰
　　属される水素は，5 員環型であって周囲に隣接する水素も限られるため，スピ
　　ン結合から判定しやすいはずである．スピン結合の解析は，¹H NMR だけでな
　　く二次元 NMR も活用できる．COSY は芳香族のシグナルが近接しすぎていて
　　解析しにくいので，TOCSY の活用も有用である．
　• 化合物(A) と (B) の区別は，メチレン基のまわりの HMBC 相関が重要になる．
　　これらの構造とスペクトルに矛盾があるかどうか確認してみよう．
　• ¹H 核が結合している炭素について HSQC をもとに分別してみよう．特に N と
　　直接結合している炭素は，電気陰性度の効果によって芳香族のなかでも高周波
　　数（低磁場）側に観測されると考えられる．

6) 設問 5) で決定した化合物について，以下のヒントをもとに ¹H NMR および
¹³C NMR スペクトルのすべてのシグナルを帰属せよ．
　• 芳香族の ¹H 核のスピン結合による分裂パターンについても考えよう．
　• 表 4・4 にならって HSQC/HMBC の相関表をつくってみよう．
　• $^3J_{CH}$ の HMBC 相関が強く現れるのは，ジグザグ型や W 字型の場合である．こ
　　のような形になっていない ^3J は，強度が弱いか現れないこともあるので注意し
　　よう．

紫 外 可 視 分 光 法

　紫外可視分光法は，光吸収による電子遷移に基づく分光法であり，分子の電子状態に関する情報が得られ，特に共役系や芳香族化合物などに対して有用である．また，化学反応の追跡などにも用いられる．

5・1　紫外可視分光法とは

　すでに1章で述べたように，分子が紫外可視領域の光を吸収すると，"電子遷移"により，基底状態から励起状態へ変化する．**紫外可視分光法**では，照射する光の波長を連続的に変化させ，電子遷移に基づく吸収を測定することにより，"紫外可視（UV-vis）スペクトル"が得られる．電子遷移の起こるエネルギーの大きさ（波長など）や光の吸収の強さ（吸光度，透過率）から，分子の電子状態に関する情報が与えられる．

　溶液中や薄膜状態で測定する紫外可視スペクトルは一般的に幅広（ブロード）でなだらかな形状を示し，これまでに述べた分光法に比べて得られる情報は限られているため，有機化合物の構造解析に用いられることはあまり多くない．しかしながら，共役系や芳香族などの化合物について有用な情報が得られるので，それらの電子状態や，構造と機能との関係を明らかにすることなどに役立つ．紫外可視分光法は簡便であり，試料がごく微量であっても大きなシグナルノイズ比（4・5・3節参照）が得られ，高感度の測定が可能であるため，物質の定量分析などに広く用いられている．

　図5・1に紫外可視スペクトルの例を示す．いずれも同じ試料溶液のスペクトルであるが，縦軸と横軸がそれぞれ異なっている．横軸はエネルギーに相当する量である波長や波数（3・1・1節参照），縦軸は光の吸収の強さを表す吸光度（モル吸光係数）や透過率で表される（5・2・2節参照）．

　(a) 横軸：波長，縦軸：吸光度　試料濃度と吸光度が比例関係にあるため，"最も一般的な"スペクトルである．

　(b) 横軸：波長，縦軸：透過率　(a)の山と谷が反転した形をしている．これは後述する吸光度と透過率の関係から導かれる．

　(c) 横軸：波数，縦軸：吸光度　(a)の長波長側が圧縮されて，短波長側が拡

紫外可視分光法
(ultraviolet-visible
(UV-vis) spectroscopy)

電子遷移による吸収という意味で，"電子スペクトル"ともよばれる．

スペクトルが幅広であるのは，おもに以下の二つの理由による．① 図1・4に示したように，基底状態と励起状態との振動・回転準位間で電子遷移が起こり，それぞれ少しずつエネルギーが異なる，② 分子と媒体の相互作用によってHOMO，LUMO のエネルギーが微妙に変化し，分子によって吸収エネルギーがさまざまに異なるために，多種多様なスペクトルが重なり合ってなだらかな形になる．
一方，気相中で測定すると② の影響がないため，① の振動準位間の遷移も分離して観測され（微細構造），鋭く尖った吸収が並んだ形のスペクトルが得られる．

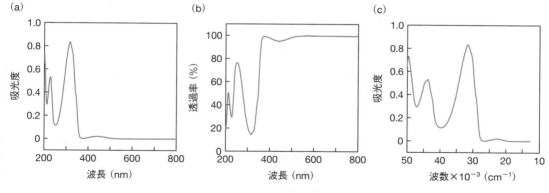

図 5・1　紫外可視スペクトルの例

張された形をしている．これは，波数は波長の逆数だからである．あまり
一般的なスペクトルではないが，波数は光のエネルギーと比例関係にある
ため，吸収帯の間隔について理論的に考察するうえで適している．

　縦軸を吸光度とした紫外可視スペクトルでは，通常，いくつかの吸収の山が現
れ，これらを**吸収帯**という．また，吸収が増加から減少に向かい，吸収の強さが
最大となる点（山の頂点）を**吸収極大**という．

波数と比例関係にある光の
エネルギーを横軸に用いる
場合もある．光のエネル
ギーの単位として kJ mol^{-1}
や eV が用いられる．
　1 kJ mol^{-1} =
　　8.35(9)×10^1 cm^{-1}
　1 eV =
　　8.06(6)×10^3 cm^{-1}

吸収帯（absorption band）

吸収極大
（absorption maximum）

☆☆

原 子 吸 光 分 析 法

　原子の場合は，分子とは異なり原子どうしの結合がないために振動準位・回
転準位が存在せず，原子による吸収スペクトルは，鋭い線状のスペクトルを示
す．炎，電気加熱炉などの高温によって分子をばらばらな原子の状態にし，そ
れらを紫外可視光によって励起させることで，各原子に対応した特定のエネル
ギー吸収の程度を調べる手法を**原子吸光分析法**とよぶ．

☆☆

原子吸光分析法（atomic
absorption spectrometry）

5・2　紫外可視分光法の原理

5・2・1　分子と電磁波の相互作用

　すでに図1・3および図1・4で示したように，電子遷移において，どの軌道に
電子が存在するかによって，分子のもつエネルギーは異なる．図5・2に分子の
電子遷移を模式的に示す．基底状態（S$_0$）にある分子が紫外可視光を吸収して励
起状態になる．ここで，エネルギーの低いほうから第一電子励起状態（S$_1$），第
二電子励起状態（S$_2$）とよぶ．通常，分子は基底状態にあるが，紫外可視光領域
の電磁波は，ちょうどこの基底状態と励起状態とのエネルギー準位間に相当する
エネルギー（600〜150 kJ mol^{-1}）をもつため，電磁波のエネルギーと遷移に関
わる分子軌道のエネルギーが一致し，かつ二つの軌道の"相性"が良い場合に，

分子では，電子が複数の分
子軌道にエネルギーが低い
ほうから順に（築き上げの
原理），2個まで入ることが
できる（パウリの排他律）．

軌道の"相性"については
p.122 の側注を参照．

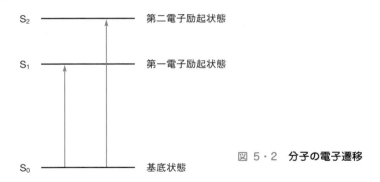

図 5・2　分子の電子遷移

分子の電子遷移が起こる.

　紫外可視スペクトルに見られる吸収帯は，図 1・3 における電子が占有した軌道から空の軌道への電子遷移に相当する. すなわち，HOMO-LUMO 間の遷移のみならず，HOMO-NLUMO，NHOMO-LUMO，NHOMO-NLUMO などで遷移が起こり，それらがスペクトル上の各吸収帯に相当する. HOMO-LUMO 間のエネルギー差は最も小さく，電子遷移に必要なエネルギーが最小となるため，HOMO-LUMO 遷移による吸収が最も長波長側に現れる.

5・2・2　吸光度とランベルト-ベールの法則

　紫外可視スペクトルは多くの場合，溶液状態で測定する. ある単一の物質の濃度 C の希薄溶液を，光路長 L のセルに入れ，波長 λ の光（単色光）を照射して吸収させる場合を考えよう（図 5・3）. このとき，光の吸収の強さは**吸光度 A** によって表され，濃度と光路長に比例する. この関係を**ランベルト-ベールの法則**とよび，下式で表される.

$$A = kCL \tag{5・1}$$

ここで k は比例定数であり，測定波長，溶媒，温度などに依存する分子に固有の定数である.

　セルの光路長 L は 1 cm が最も一般的であるため，単位には cm が広く使用される. 溶液の濃度 C については特に決まりはないが，化学の分野ではモル濃度が広く用いられ，単位は $\mathrm{mol\,dm^{-3}}$ となる. このとき，k は**モル吸光係数**とよばれ，しばしば記号 ε で表される. 吸光度 A が無次元量であるため，モル吸光係数 ε の単位は $\mathrm{dm^3\,mol^{-1}\,cm^{-1}}$ となるが，この単位は省略されることもある.

たとえば，図 5・1(a)では 440 nm に吸収極大をもつ，400 nm 付近から 500 nm 付近までの弱くて幅広い吸収帯がHOMO-LUMO遷移に相当する.

吸光度（absorbance）

ランベルト-ベールの法則（Lambert-Beer's law）

この式の導出については次ページの囲みを参照.

モル吸光係数（molar absorption coefficient）

モル吸光係数の単位（$\mathrm{dm^3\,mol^{-1}\,cm^{-1}}$）のうち，dm と cm は長さの単位であるから，モル吸光係数の単位は分子 1 mol の面積を表している. このため，モル吸光係数の代わりに，分子 1 mol あたりを分子 1 個あたりに換算した面積として，"吸収断面積"という用語も使われている.

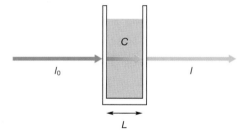

図 5・3　溶液試料による光の吸収

　ここで厳密にいえば，吸光度 A が"直接"測定されているわけではない．紫
外可視分光光度計（5・3 節参照）では，まず試料のない状態で単色光の強度す
なわち入射光強度 I_0 を測定し，次に試料のある状態で単色光の強度すなわち透
過光の強度 I を測定し，(5・2)式に従って，**透過度 T** を測定する（図 5・3）．

$$T = \frac{I}{I_0} \tag{5・2}$$

透過度 T の逆数の常用対数が吸光度 A となり，以下の式が成り立つ．

$$A = \log\left(\frac{1}{T}\right) = -\log T = -\log\left(\frac{I}{I_0}\right) \tag{5・3}$$

透過度（transmittance）

図 5・1(b) の縦軸の**透過率**（percent transmittance）は，透過度を百分率で表した値である．

補足: ランベルト–ベールの法則の導き方

　(5・1)式のランベルト–ベールの法則は，下記に示した二つの法則をあわせることで導かれる．

　光がごく短い距離を進んだとき，光の減少量 $-\mathrm{d}I$ は光の強度 I と光の進んだ距離 $\mathrm{d}x$ の積に比例する．したがって比例定数 k_1 を用いると，

$$-\mathrm{d}I = k_1 I\,\mathrm{d}x \tag{1}$$

と表される．上式を変数分離すると，

$$-\frac{\mathrm{d}I}{I} = k_1\,\mathrm{d}x \tag{2}$$

であり，左辺を I_0 から I まで，右辺を 0 から L まで積分すると，

$$-\ln\left(\frac{I}{I_0}\right) = k_1 L \tag{3}$$

となり，常用対数にすると，

$$-\log\left(\frac{I}{I_0}\right) = k_1' L \qquad \left(k_1' = \frac{k_1}{\ln 10}\right) \tag{4}$$

上式から，(5・3)式の吸光度 A が光路長 L に比例することが導かれ，この関係を発見したランベルト（Johann Heinrich Lambert）の名前に由来して**ランベルトの法則**とよぶ．

　一方，ベール（August Beer）は，光路長 L が一定のとき，吸光度 A が濃度 C に比例することを発見した．ここでランベルトの法則の光路長 L を濃度 C に置き換えると，

$$-\log\left(\frac{I}{I_0}\right) = k_2' C \tag{5}$$

が得られる．すなわち，吸光度 A は濃度 C に比例することが導かれ，この関係を**ベールの法則**とよぶ．

ランベルトの法則（C が一定）
　吸光度 A は光路長 L に比例

ベールの法則（L が一定）
　吸光度 A は濃度 C に比例

ランベルト–ベールの法則
　吸光度 A は濃度 C と光路長 L に比例

5・3　紫外可視分光光度計

5・3・1　装置の構成

　紫外可視分光法における装置の一例を図 5・4 に示す．紫外可視分光光度計の

本体とそれに接続されたコンピュータおよびモニターからなり，コンピュータを介して本体の制御を行い，得られたデータの解析を行うことができる．

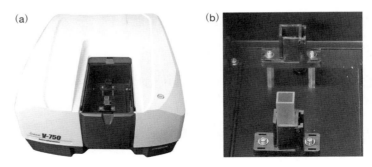

(a)　　　　　　　　　　　　　　　(b)

図 5・4(b) において，手前が試料用ホルダ（試料光束），奥が対照用ホルダ（対照光束）である．

図 5・4　紫外可視分光光度計　(a) 全体像，(b) 試料部．日本分光株式会社提供

　紫外可視分光光度計の概略を図 5・5 に示す．基本的に光源─分光器─試料部─検出器で構成される．光源から照射された光は，分光器で単色光となり，回転するセクター鏡により交互に "試料光束" と "対照光束" に切り替えられる．このときの対照光の強度を標準として，光学系がもつ分光特性および時間変動の補正がなされる．光が試料部に設置されたセル中の試料溶液を通過した後，検出器に到達し，光の強度が電気信号に変換される．これを増幅し，対照光の強度と比較して，"透過率" または "吸光度" として表示される．

試料部における光束が 2 本の場合のほかに，光束が 1 本の分光光度計もある（5・3・2 節参照）．

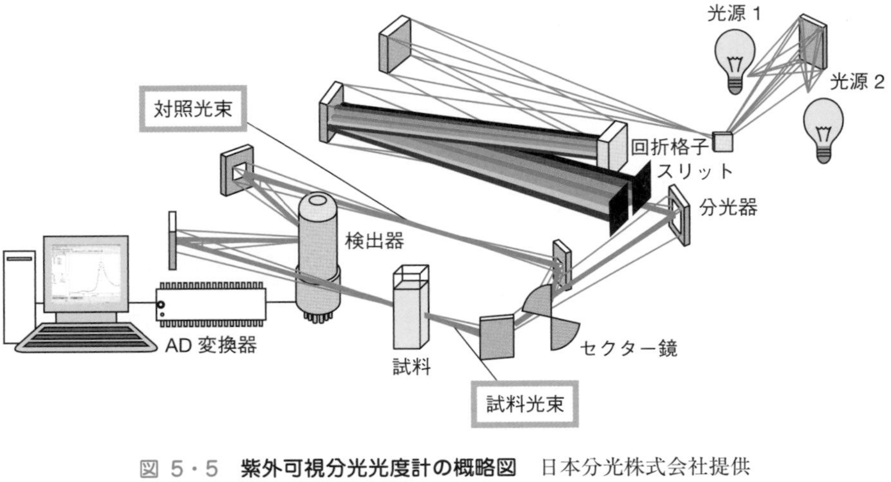

光源 1

光源 2

対照光束

回折格子

スリット

分光器

検出器

AD 変換器

試料

セクター鏡

試料光束

図 5・5　紫外可視分光光度計の概略図　日本分光株式会社提供

重水素ランプは波長 185～400 nm の連続光源，タングステン，ハロゲンランプは波長 350～3000 nm の連続光源として使用される．重水素ランプでは 486 nm と 656 nm に輝線があり，波長校正に用いられる．

a. 光　源

　紫外領域には重水素ランプ（D_2 ランプ），可視光領域にはタングステンランプ（白熱電球），近年では寿命を延ばすためにハロゲン化合物を封入したタングステンハロゲンランプ（ハロゲンランプ）が一般的に用いられる．通常は，重水素ランプとハロゲンランプの両方を備え，350 nm 付近で切り替えることによって紫

外可視領域の光を連続的に照射できる.

b. 分 光 器

光源から照射された連続光から，特定の波長の光（単色光）を取出すために分光器が用いられる．分光素子としてプリズムと回折格子があるが，現在，主流となっているのは回折格子であり，特に"反射型"の回折格子が用いられている.

反射型回折格子は，反射面に鋸歯状の溝が等間隔に刻まれた鏡である（図5・6）．格子間隔 d の回折格子に入射角 α で進行した光が回折角 β で反射するとき，$d(\sin \alpha + \sin \beta)$ の光路差が生じる．よって，以下の式が成り立つときに，波長 λ の光は強め合う.

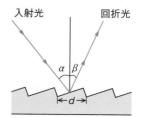

$$d(\sin \alpha + \sin \beta) = m\lambda \qquad (5\cdot4)$$

ここで m は整数であり，回折次数とよぶ．したがって $m=0$ の正反射条件でなければ，回折条件を満たす回折角 β は波長 λ に依存して変化する．すなわち，特定の方向に回折する光は，特定の波長 λ をもつことがわかる.

図 5・6 反射型回折格子

分光器の出口側のスリットにより，目的の波長の光を取出して単色光にするが，実際には，スリットから出てくる光は完全な単色光ではなく，スリットの幅に応じて，目的の波長付近の光も含んでいる.

また，回折格子に対する光の入射角を少しずつ変えることで，単色光の波長を連続的に変化させるが，(5・4)式からわかるように，異なる回折次数と波長をもつ回折光でも，回折角 β が同じになる場合もある．これを除くために，分光器には"光学フィルター"が内蔵され，目的とする測定波長以外の光を通さないようになっている.

スリット幅を狭くすることで単色光に含まれる波長の広がりを抑えることができるが，検出器に入る光の量も減少するためにシグナルノイズ比（4・5・3節参照）が小さくなるので，測定試料に合わせて適切なスリット幅を選ぶ必要がある.

c. 試 料 部

試料部は試料を設置する場所であり，光路長1cmの角セルが設置できるセルホルダが標準として備わっている（図5・4(b)）．セルホルダ部分あるいは試料部ごと交換することで，長光路長セル，微量測定用セル，粉末試料，薄膜試料などを設置できるものも多く見られる.

d. 検 出 器

検出器では，試料部を通過した光の強度を測定する．"光電効果"を利用した検出器が最も広く利用され，光電子増倍管，フォトダイオード，電荷結合素子などがある．光電子増倍管は外部光電効果に基づき，フォトダイオードと電荷結合素子は内部光電効果に基づく.

• **光電子増倍管**：光を陰極に当てると一次電子を放出し，これを加速し増倍電極（ダイノード）に衝突させて複数の二次電子を発生させる．このような二次電子が多段に組込まれた増倍電極に繰返し衝突して増幅し，大量に発生した電子を陽極に集めて検出する.

• **フォトダイオード**：いくつかの種類があるが，最も基本的なものはp型半導体とn型半導体を接合したもので，受光すると内部光電効果により電子と正孔に分離され，電子がn型半導体，正孔がp型半導体に移動して光電流となる.

"外部光電効果"は物質にある一定の振動数以上の光を照射したとき表面から電子が放出される現象である．一方，"内部光電効果"は物質に光を照射したとき内部の伝導電子が増加する現象をいう.

光電子増倍管
（photomultiplier tube, PMT）

フォトダイオード
（photodiode）

電荷結合素子（charge coupled device, CCD）

フォトダイオードと電荷結合素子は 5・3・3 節で述べるマルチチャンネル検出に利用されている.

複光束（ダブルビーム）（double-beam）
単光束（シングルビーム）（single-beam）

単光束の分光器では，複光束の場合よりも，光源や検出器が安定するように，電源を入れてから測定までの時間を長くとる，頻繁にベースライン測定（後述）を実行するなど，変動の影響に対してより注意を払う必要がある.

シングルチャンネル検出（single channel detection）

マルチチャンネル検出（multi channel detection）

● **電荷結合素子**: フォトダイオードが集積された構造であり，それぞれのフォトダイオードで発生した電荷を蓄積し，それらを転送，増幅して検出する.

5・3・2　単光束型分光光度計と複光束型分光光度計

前節で述べた紫外可視分光光度計では，試料部中の光束が 2 本の**複光束**（ダブルビーム）の例を示したが，光束が 1 本の**単光束**（シングルビーム）の装置もある.

　単光束型　分光器から出た単色光を試料光束と対照光束に分割することなく，試料部に直接導入されるため，装置の構成が単純であり，比較的安価である．しかし，光源の強度や検出器の感度が変動することにより，測定誤差が生じる．次節で述べるマルチチャンネル検出には，通常，単光束型が用いられる.

　複光束型　対照光の強度を常時検出することで，光源の強度や検出器の感度の変動の影響を補正し，測定誤差を小さくできる.

5・3・3　シングルチャンネル方式とマルチチャンネル方式

これまでに見た紫外可視分光光度計では，試料部の前に分光器が備わっており，検出器において特定の波長における光の強度を測定している（**シングルチャンネル検出**）．この方式では，紫外可視スペクトルを得るために，波長を連続的に変化させて，それぞれの波長におけるデータを取得する必要がある．一方，光源からの光を分光せずに，そのまま試料に照射し，透過した光を分光器によって分散させ，それぞれ波長の光を同時に検出する，**マルチチャンネル検出**の方式も広く利用されている（図 5・7）．検出器としては，5・3・1 節で述べたフォトダイオードまたは電荷結合素子を配列させたアレイ型のものが用いられる．マルチチャンネル検出によって，短時間で紫外可視スペクトルを測定することが可能となる.

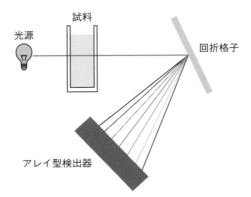

図 5・7　**マルチチャンネル検出の概略**

懸濁液や固体試料を測定する場合，試料による吸収だけでなく，散乱や反射の寄与も含まれる点に注意を払う必要がある.

5・3・4　試料の調製と測定

紫外可視スペクトルの測定では，試料を溶媒に溶解させ，その溶液を光路長 1 cm の角セルに入れて測定することが一般的に行われる．その場合，同一の溶媒および角セルを用いた測定と比較することで，溶媒や角セルによる吸収・反射・

散乱の影響を低減させたスペクトルを得ることができる.

　試料溶液を調製するために用いる溶媒および調製した溶液を入れる角セルは,
測定する波長領域の光を十分に透過する必要がある. 図5・8にいくつかの溶媒
および角セルの透過スペクトルを示す.

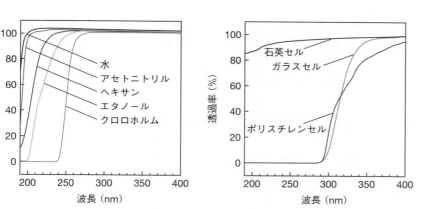

図 5・8　**溶媒とセルの透過スペクトル**

　試料溶液は,測定する波長領域の中で最大の吸光度が1.0(すなわち透過率
10%)程度になるように濃度を調整する必要がある. 事前にモル吸光係数がわ
かっている試料であれば,目標とする試料の濃度をランベルト-ベールの法則よ
り計算できる(5・2・2節参照).

ベースライン測定, ブラン
ク補正などとよばれる.

一般グレードの溶媒は安定
剤や不純物の影響が現れる
ことがあるので, 分光分析
用の溶媒を用いるほうが良
い.

たとえば, 光路長が1 cm
の角セルを用いて, 測定し
たい波長領域において最大
のモル吸光係数が10,000
の試料を測定する場合,
$1 \times 10^{-4}\,\mathrm{mol\,dm^{-3}}$の濃度を
目標に試料溶液を調製す
る.

5・4　紫外可視スペクトルの解析

5・4・1　電子遷移の種類

　1・3・1節において紫外可視吸収における電子遷移について説明したが, それ
らに対応する分子軌道の種類に応じて, 下記のように分類することができる. 図
5・9には分子軌道のエネルギー準位と電子遷移の関係を示した.

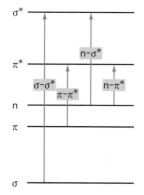

図 5・9　**分子軌道のエネルギー準位と
電子遷移**

σ軌道からπ*軌道やπ軌道からσ*軌道への遷移はほとんど起こらない.

結合性軌道：同じ符号（位相）の原子軌道が重なってできた分子軌道で，元の原子軌道よりエネルギーが低くなる.
反結合性軌道：異なる符号（位相）の原子軌道が重なってできた分子軌道で，元の原子軌道よりエネルギーが高くなる.
非結合性軌道：結合の形成に関与しない分子軌道.

真空紫外光は一般的な紫外可視分光光度計では観測できない.

共役（conjugation）
分子内に二つ以上の多重結合が単結合をはさんで存在し，π電子による相互作用が生じることを"共役"という．共役すると，分子中のπ電子が非局在化する.

> **σ-σ* 遷移**：結合性の σ 軌道（σ）から反結合性の σ 軌道（σ*）への遷移
> **π-π* 遷移**：結合性の π 軌道（π）から反結合性の π 軌道（π*）への遷移
> **n-σ* 遷移**：非結合性軌道（n）から反結合性の σ 軌道（σ*）への遷移
> **n-π* 遷移**：非結合性軌道（n）から反結合性の π 軌道（π*）への遷移

σ-σ* 遷移は C–C や C–H などの σ 結合をもつ分子，π-π* 遷移は二重結合や三重結合などの π 電子をもつ分子，n-σ* 遷移，n-π* 遷移は非共有電子対をもつ分子において見られる.

各遷移の起こる紫外可視光領域は，以下のようになる.

> • σ-σ* 遷移：真空紫外光とよばれる 200 nm 以下の短波長，すなわち高エネルギーの紫外光
> • π-π* 遷移や n-σ* 遷移：真空紫外光から紫外光領域
> • n-π* 遷移：紫外光領域

さらに π-π* 遷移や n-π* 遷移などにおいては，π 結合が**共役**している場合，その共役の程度に応じて，電子遷移による吸収が長波長側に移動し，可視光領域となる場合が多く，さらには赤外光領域まで到達することもある．そのため，紫外可視スペクトルでは，特に，以下のような分子の構造について有用な情報が得られる.

> • π-π* 遷移を起こす二重結合や三重結合をもつ分子
> • n-π* 遷移を起こす酸素原子や窒素原子など非共有電子対をもつ分子.
> 特に，これらの原子を含む官能基が共役している芳香族およびカルボニル化合物

電子遷移では，遷移に関わる二つの分子軌道間のエネルギー差に等しいエネルギーをもつ光を照射する必要があるが，これは十分条件ではなく，電子遷移の起こりやすさは，二つの分子軌道の"相性"にも依存する（5・2・1節参照）.

軌道の"相性"とは，
・軌道の空間的重なり
・軌道の対称性
そのほかにも，
・結合の振動の波動関数の重なり
・電子スピン
も影響する.

> • π-π* 遷移：π 軌道と π* 軌道の相性は"良く"，モル吸光係数 ε は数万にも達する.
> • n-π* 遷移：n 軌道と π* 軌道の相性は"悪く"，"禁制遷移"であり，モル吸光係数 ε は数十から数百程度である．しかし，n-π* 遷移は最も長波長側に現れる電子遷移であり，他の電子遷移における吸収波長と重なることがほとんどなく，紫外可視スペクトルにおいて，π-π* 遷移とともに重要な電子遷移である.

縦軸に $\log \varepsilon$ をとると，非常に大きな吸収と非常に小さな吸収が同一のスケールで明確に表示できる.

図5・10にメタノールを溶媒としたベンゾフェノンの紫外可視スペクトルの例を示す．ここでは，π-π* 遷移と n-π* 遷移の両方を見やすくするために，縦軸をモル吸光係数の常用対数の $\log \varepsilon$ で示した．おもに二つの吸収帯が見られる．吸

収帯はしばしば幅広になるため，吸収帯の位置は，通常，吸収帯のうちで最も強い吸収を与える**吸収極大波長** λ_{max} を用いて表される．

吸収極大波長（absorption maximum wavelength）

λ_{max} が 253 nm である吸収帯では $\log\varepsilon$ が約 4 と大きく，$\pi\text{-}\pi^*$ 遷移に由来する．一方，λ_{max} が 337 nm である吸収帯では $\log\varepsilon$ が約 2 と比較的小さく，$n\text{-}\pi^*$ 遷移に由来する．この結果から，モル吸光係数は $n\text{-}\pi^*$ 遷移のほうが $\pi\text{-}\pi^*$ 遷移よりも 2 桁ほど小さいことがわかる．

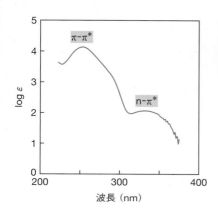

図 5・10　ベンゾフェノンの紫外可視スペクトル　メタノール溶液中

紫外可視スペクトルは溶媒の影響を受けるので，測定溶媒を明記する必要がある．

5・4・2　発色団と共役による吸収帯の移動

前節で述べたように，π 結合をもつ分子において紫外可視スペクトルが観測される．たとえば，C=C 二重結合を一つもつ最も単純な有機化合物であるエチレンでは，$\pi\text{-}\pi^*$ 遷移による λ_{max} は 165 nm，ε は 15,000 となる．この吸収極大波長は真空紫外領域にあり，通常の紫外可視分光光度計により測定できる波長領域の外側にある．

このように C=C 二重結合をはじめ，C≡C，C=O などの多重結合をもち，紫外可視光の吸収により電子遷移をひき起こす原子団（官能基）を**発色団**とよぶ．複数の発色団が互いに影響を及ぼさない場合は，吸収強度について個々の発色団の加成性が成り立つ．

発色団（chromophore）発色団として，そのほかにC=N，N=N，N=O，C=Sなどがある．

一方，共役した分子では，一般に吸収極大波長は長波長側に移動し，モル吸光係数も増加する．たとえば，1,3-ブタジエンでは $\pi\text{-}\pi^*$ 遷移による λ_{max} は 217 nm，ε は 21,000 となり，1,3,5-ヘキサトリエンでは λ_{max} は 258 nm，ε は 35,000 となる．

吸収帯が長波長側に移動することを**深色移動**または**レッドシフト**とよぶ．逆に，吸収帯が短波長側に移動することを**浅色移動**または**ブルーシフト**とよぶ．

$$CH_2{=}CH{-}CH{=}CH_2 \qquad CH_2{=}CH{-}CH{=}CH{-}CH{=}CH_2$$

1,3-ブタジエン　　　　　　　　1,3,5-ヘキサトリエン

これは，π 電子の非局在化の程度が大きいほど HOMO-LUMO 間のエネルギー差が小さくなるためである．

このような共役による吸収帯の長波長側への移動は，自然界においても見られる．図 5・11 に，ポリエン骨格をもつレチナールとアスタキサンチンの紫外可視

ポリエンは少なくとも三つの C=C 二重結合と C-C 単結合が交互に並んだ構造をいう．

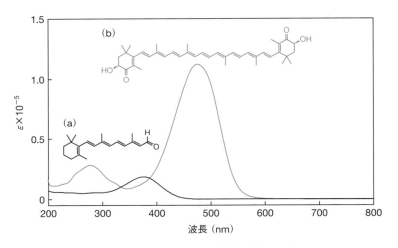

スペクトルを示す.

（a）レチナールは,脊椎動物の網膜の細胞にあるロドプシンという色素に含まれ,光受容部位（発色団）の役割を果たしている. レチナールは C＝O 二重結合を含めて共役した 6 個の二重結合からなり,λ_{max} が 376 nm に観察される. 一方,ロドプシン中でレチナールのホルミル基とオプシンのリシン残基のアミノ基（−NH₂）が縮合して,さらに窒素原子がプロトン化（−HC＝ÑH−）されると,窒素原子の正電荷により π 電子の移動が起こりやすくなり,電子が非局在化しやすくなる. このため,λ_{max} は長波長側の可視光領域に移動する.

（b）アスタキサンチンは,甲殻類に含まれる赤色の色素であり,2 分子のレチナールがアルデヒド部分で結合した β-カロテンと同じポリエン骨格をもつ. C＝O 二重結合を含めて共役した 13 個の二重結合からなるため,レチナールに比べて,さらに吸収帯は長波長側に移動しており,λ_{max} が 477 nm に観測される.

図 5・11　ポリエン骨格をもつ天然化合物の紫外可視スペクトル　アセトニトリル溶液中.（a）レチナール,（b）アスタキサンチン

5・4・3　芳香族化合物による紫外可視吸収

ベンゼンなどの芳香族化合物も重要な発色団である. たとえば,ベンゼンでは許容遷移である π-π* 遷移の λ_{max} 184 nm,ε 60,000 の吸収帯に加えて,高度な対称性をもつ分子構造における分子軌道間の対称性に基づく禁制遷移に相当する λ_{max} 204 nm（ε 7900）と λ_{max} 255 nm（ε 230）の二つの吸収帯が長波長側に観測される（図 5・12）. 気相中や無極性溶媒中において,これら二つの吸収帯は電子遷移と振動遷移（図 1・4 参照）が重なりあった振電遷移によるスペクトルとして観察される. このようにいくつかの吸収極大をもつスペクトルの形を振動構造という. 各吸収は励起状態の特定の振動準位への遷移に対応する.

ベンゼンの水素原子 1 個を,多重結合をもつ原子団（発色団）に置換すること

左欄外：

ロドプシンは,オプシンとよばれるタンパク質,およびオプシンと可逆的に共有結合をつくる補因子のレチナールからなる.

窒素原子がプロトン化していない場合は,単独のレチナールにおける λ_{max} の値とほとんど変わらない.

アスタキサンチンはタンパク質と結合して存在しており,加熱などにより容易に遊離して,赤色に変化する. カニやエビなどを茹でると赤くなるのは,このためである.

β-カロテンは緑黄色野菜に含まれる赤橙色の色素である. アスタキサンチンでは,β-カロテンの両端のシクロヘキセン環にヒドロキシ基とカルボニル基がついている.

振電遷移
（vibronic transition）

振動構造
（vibrational structure）
振動構造をもつスペクトルの具体例として後述のコラム「蛍光スペクトル」も参照のこと.

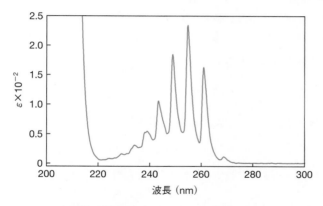

図 5・12　ベンゼンの紫外可視スペクトル　ヘキサン溶液中. λ_{max} 255 nm（ε 230）の吸収帯において振動構造が観察される

で，前節で述べたように共役が拡張されて，π-π* 遷移による吸収帯が長波長側に移動し，モル吸光係数も増加する（表 5・1）．また，一置換ベンゼンは軌道の対称性の低下により，振動構造が失われて，単純なスペクトルに変化する.

　また，ベンゼンの水素原子を，非共有電子対をもつ原子および原子団と置換しても，発色団ほどではないが吸収帯の長波長側への移動および吸収強度の変化が観察される（表 5・1）．このような原子や原子団を**助色団**ともいう.

助色団（auxochrome）

　助色団は，ハロゲンや酸素，窒素，硫黄などの非共有電子対を含む原子や原子団であり，これらがベンゼン環に置換することで，n-π 共役により吸収帯が長波長側に移動する.

表 5・1　一置換ベンゼンの電子遷移, 吸収極大およびモル吸光係数

置換基		化合物名	π-π* 遷移		π-π* 遷移		n-π* 遷移		溶　媒
			λ_{max}(nm)	ε	λ_{max}(nm)	ε	λ_{max}(nm)	ε	
H		ベンゼン	204	7900	255	230			ヘキサン
発色団	$CH=CH_2$	スチレン	246	14,000	282	740			ヘキサン
	$C\equiv CH$	エチニルベンゼン	235	13,000	270	350			ヘキサン
	CHO	ベンズアルデヒド	241	13,000	279	1100	339	24	ヘキサン
	$C(=O)CH_3$	アセトフェノン	237	12,000	279	870	322	41	ヘキサン
	COOH	安息香酸	227	8700	269	740			水
	$C\equiv N$	ベンゾニトリル	221	14,000	277	690			ヘキサン
	NO_2	ニトロベンゼン	251	8100					ヘキサン
助色団	Cl	クロロベンゼン	215	7300	265	250			ヘキサン
	OCH_3	アニソール	219	7300	270	1600			ヘキサン
	OH	フェノール	210	5500	270	1400			水
	O^-	フェノラートアニオン	235	8600	287	2300			アルカリ性水溶液
	NH_2	アニリン	230	7400	280	1300			水
	NH_3^+	アニリニウムカチオン			252	130			酸性水溶液

たとえば，ヒドロキシ基が置換したフェノールにおいて，酸素原子上の非共有電子対が共鳴によりベンゼン環に流れ込むため，ベンゼンよりも吸収が長波長側に移動し，モル吸光係数は増加する（図 5・13(a)）．また，ヒドロキシ基から水

蛍光スペクトル

　分子が光を吸収した場合，その光によって吸収されたエネルギーはどうなるのだろうか？ ほとんどの場合，電子励起された分子は，周囲の溶媒分子と衝突し，エネルギーを受け渡して，励起状態に付随する振動準位間を遷移しながら，元の基底状態の分子に戻る（無放射失活）．一方，ある種の分子は，エネルギーの一部を蛍光などの光として放出することもある．この放出された蛍光を検出する方法が**蛍光分析法**である．紫外可視分光法と比べて，蛍光分析法は無発光（暗）と発光（明）の違いを見分けるので，さらに 2 桁以上の高感度な測定ができる*．

　図 1 に蛍光を示す代表的な化合物の一つであるアントラセンの蛍光スペクトルを示す．(a) のスペクトル（黒）は**発光スペクトル**あるいは狭義に**蛍光スペクトル**とよばれ，励起光波長を 356 nm に固定したときの蛍光強度の波長依存性を示したものである．蛍光は，第一電子励起状態（最低の振動準位）から基底状態（さまざまな振動準位）への遷移で放出される光であるため，励起光の波長より長波長側において観察される．また，蛍光スペクトルの形状は励起光波長に依存しない．

　一方，(b) のスペクトル（青）は**励起スペクトル**とよばれ，発光の検出波長を 398 nm に固定したときの蛍光強度の，励起光の波長依存性を示したものである．励起スペクトルは通常，紫外可視スペクトルの形状と良い一致を示す．これは，吸光度が十分小さい条件（$A < 0.01$）においては，蛍光強度が吸光度とほぼ比例関係にあるためである．

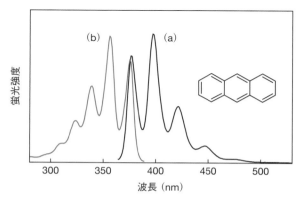

図 1　アントラセンの蛍光スペクトル（a）と励起スペクトル（b）
ヘキサン溶液（濃度: 1.7×10^{-7} mol dm^{-3}）中

蛍光分析法
(fluorescence analysis)

* 例えるなら，太陽からの散乱光が降り注ぐ昼間の空においては，星の存在を確認することが難しいが，夜空においては星の存在だけでなく，その星の色の違いまで確認することができるようなものである．

発光スペクトル
(emission spectrum)

蛍光スペクトル
(fluorescence spectrum)

励起スペクトル
(excitation spectrum)

このため，蛍光スペクトルの測定においては，極希薄溶液の試料が調製される．

両スペクトルに振電遷移に対応する振動構造が見られる（5・4・3節）．

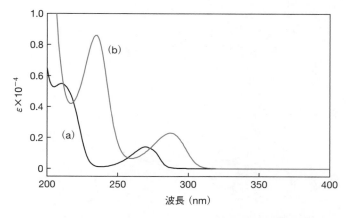

図 5・13 フェノール（a）とフェノラートアニオン（b）の紫外可視スペクトル
（a）は水中，（b）は水酸化ナトリウム水溶液中

素イオンが解離したフェノラートアニオンにおいては，酸素原子上の負電荷がベンゼン環に分散される共鳴の寄与が大きくなるため，さらにその効果が増大する（図 5・13（b））．アミノ基が置換したアニリンにおいても窒素原子上の非共有電子対が共鳴によりベンゼン環に流れ込むため，吸収は長波長側に移動し，モル吸光係数は増加する．しかし，アミノ基の非共有電子対に水素イオンが付加したアニリニウムカチオンにおいては，非共有電子対がベンゼン環に流れ込む共鳴の寄与がなくなるために，ベンゼンの吸収帯とほぼ同じになる（表 5・1）．

5・4・4 紫外可視分光法による化学反応の追跡

　紫外可視分光法は光による異性化反応などの化学反応を追跡する手段としても有用であり，ここでは例としてフォトクロミズムにおける紫外可視スペクトルの変化について取上げる．

　フォトクロミズムとは，「ある物質 A が，吸収スペクトルの大きな変化をともなって物質 B との間で可逆的に異性化する際，少なくとも片方の異性化反応が光によって引き起こされる現象」のことをいう．代表的な例としては，二重結合の EZ 異性化（**1**），共役トリエンの閉環・開環反応（**2**）などがある（図 5・14）．アゾベンゼン（**1**）では，E 体（トランス形）の溶液（黄色）に紫外光を照射すると Z 体（シス形）への異性化が起こり，溶液が橙黄色に変化する．この溶液に可視光を照射すると，E 体への異性化が起こり，溶液の色は元に戻る．一方，ジアリールエテン（**2**）では，開環体の溶液（無色）に紫外光を照射すると"閉環"反応が起こり，溶液は赤紫色になる．この溶液に可視光を照射すると"開環"反応が起こり，溶液は無色になる．

　化合物 **2** の類縁体である **3o**（開環体）のフォトクロミズムにともなう紫外可視スペクトル（ヘキサン溶液中）の変化を図 5・15 に示す．青色で示した光照

フォトクロミズム
（photochromism）

フォトクロミズムは色の変化が可逆的に起こるとともに，「二つの異なる化合物 A と B の間の往復」であるから，さまざまな物性も変化する．もし B のもつ物性（たとえば蛍光を発する）が A になければ，A に光照射して B に変換することで蛍光発光の ON 状態をつくり出すことができる．これは，フォトクロミズムを利用した"分子スイッチ"とみなせる．

(1) アゾベンゼン

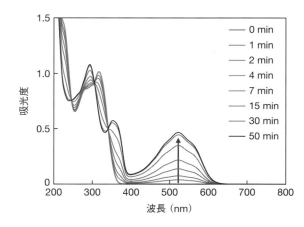

＊等吸収点
（isosbestic point）
溶液中で相互変換する二成分 X と Y を考えると，(5・1)式に基づけば，両成分のモル吸光係数が等しい波長 λ における溶液の吸光度 A_λ は，濃度 C_X と C_Y の値が反応によって変化しても変わらない．
また，三成分以上が互いに変換する系では，すべての成分のモル吸光係数が複数の波長で同一になることは非常に稀なケースであり，ほぼ出現しない．したがって，等吸収点が複数存在することは，その系が二成分の相互変化によって成り立っていることを示している．逆に，一つでも一点に収れんしない吸収スペクトルの交点があるなら，それは二成分だけの反応ではない．
等吸収点は，二成分のフォトクロミズムの系だけでなく，一成分から他の一成分に一方通行で変化する光反応や，二成分間の非平衡状態から平衡状態に移行する熱反応の過程でも観察される．

（2）ジアリールエテン

図 5・14　代表的なフォトクロミック化合物の例

射前の吸収スペクトルでは，可視領域の 380 nm より長波長側に吸収は見られない．**3o**（開環体）に波長 313 nm の紫外光を照射すると "閉環" 反応が起こり，共役系が拡張された **3c**（閉環体）が生成して 520 nm 付近の可視領域に吸収帯が現れ，溶液は赤色を呈する．紫外光を 50 分ほど照射するとほとんどが **3c** に変換され，可視領域の吸収強度は飽和する．この溶液に 500 nm 付近の可視光を照射すると **3c** から **3o** への開環反応が起こり，すべて **3o** に変換されて，再び無色の溶液になる．

図 5・15 では，すべてのスペクトル線が同じ吸光度の値になり，一点で交わっている**等吸収点**＊が三箇所で見られる．このことから，① この吸収スペクトルの変化を与えているのは，1 対 1 の対応で変化する二つの成分であること，② これらの波長では，これら二つの成分が同じモル吸光係数をもつこと，がわかる．

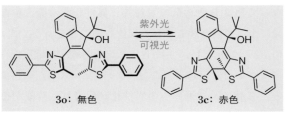

図 5・15　化合物 3 のフォトクロミズムにともなう紫外可視スペクトルの変化　ヘキサン溶液中

CD スペクトル

　紫外可視分光法では，不斉な要素，すなわちキラリティーに関する情報を得ることができない．それに対して，**円二色性**（circular dichroism, CD）分光法では，入射光として円偏光を用いて，試料を透過した光の偏光状態を調べることで，試料のキラリティーに関する情報を得ることができる．

　キラルな分子がキラルな光である円偏光と相互作用して吸収するとき，左円偏光に対する相互作用と右円偏光に対する相互作用は互いに異なっており，同一ではない．左円偏光と右円偏光に対するモル吸光係数の差 $\varepsilon_l - \varepsilon_r$ を"モル円二色性" $\Delta\varepsilon$ とよび，この波長依存性を示したものが **CD スペクトル**である．タンパク質の二次構造である α ヘリックス，β シート，ランダムコイルなど，それぞれが固有の CD スペクトルを与えるため，あるタンパク質における各二次構造の割合を推定することができ，タンパク質の構造解析においても有力な手段となる．

　図 1 に化合物 R1011 と S1011 の（a）R1011（黒）および（b）S1011（青）のヘキサン溶液の CD スペクトルを示す．R1011 と S1011 は，それぞれ不斉炭素を一つもち，互いにエナンチオマーの関係にある．紫外可視スペクトルにおいて吸収が観察される 320 nm 付近から短波長側において CD シグナルが観察され，R1011 と S1011 では各波長において互いに正負が異なるだけで同じ絶対値の $\Delta\varepsilon$ を示し，"鏡像関係"となる．つまり，立体構造と CD スペクトルの相関が既知の化合物については，CD スペクトルを測定することで，その立体構造が明らかになる．

　$\Delta\varepsilon$ の正負から，その吸収帯が関与する官能基まわりの絶対立体配置を決定する経験則であるオクタント則や非経験的な励起子キラリティー法など，さまざまな理論が提唱されている．

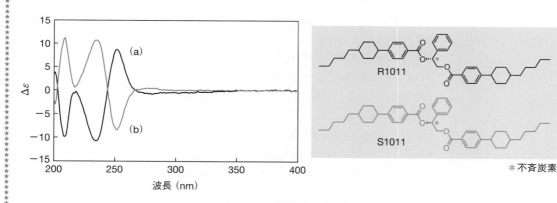

※不斉炭素

図 1　R1011（a）および S1011（b）の CD スペクトル 　ヘキサン溶液中

練 習 問 題

5・1 下記 ①〜⑩ の文について正誤を判定せよ．また，誤りがあるものについてはその箇所を指摘し，訂正せよ．

① 紫外可視分光法では，電子遷移についての情報がスペクトルとして得られ，物質を構成する原子の組成が明らかになる．

② 紫外可視スペクトルは，照射する光のエネルギーとその光の吸収の強さの関係を表す．

③ ある均一な溶液試料を光路長 1 cm のセルに入れたときのある波長の光の透過率が 10 % であった．この試料を 2 cm のセルに入れたときの透過率は 5 % となる．

④ モル吸光係数の値は，溶媒の種類や温度に依存しない分子固有の定数である．

⑤ 紫外可視分光法では，350 nm 付近より長波長側では一般的に重水素ランプが使用される．

⑥ 高いシグナルノイズ比，高い波長分解能をもったスペクトルを得るために，適切なスリット幅のスリットを選択する必要がある．

⑦ 広帯域の分光していない光を試料に照射して，短時間にスペクトルを測定できる紫外可視分光光度計があり，複数の受光素子により同時に光を検出している．

⑧ 一般的に n-π* 遷移は，π-π* 遷移よりも長波長側で観察され，π-π* 遷移よりも吸収強度が大きい．

⑨ π-π* 遷移の吸収において共役の長さが大きくなると，吸収は長波長側で観察され，その吸収強度も大きくなる．

⑩ アニリニウムカチオンの HOMO-LUMO 遷移は，フェノラートアニオンのそれより長波長側で観察される．

5・2 ある純粋な化合物 3.0 mg を 100 mL のヘキサンに溶解し，その一部を光路長 1.0 cm のガラス製のセルに入れ，450 nm の光を照射すると，ベースライン測定時に比べて透過光強度は 1/10 倍となった．

1) この溶液の 450 nm における透過率および吸光度をそれぞれ求めよ．

2) この化合物の分子量が 600 のとき，この化合物の 450 nm におけるモル吸光係数を求めよ．

3) この溶液の 350 nm における吸光度の値は 4.0 を示した．しかし，ここから算出されるこの化合物の 350 nm におけるモル吸光係数の値は正確ではないと考えられる．その理由を述べるとともに，この化合物の 350 nm におけるモル吸光係数を決定する方法を述べよ．

4) この溶液の 250 nm における吸光度の値は 0.5 を示した．しかし，ここから算出されるこの化合物の 250 nm におけるモル吸光係数の値は正しくないと考えられる．その理由を述べるとともに，この化合物の 250 nm におけるモル吸光係数を決定する方法を述べよ．

本書の 5 章に用いた大部分のスペクトル，表 5・1 の測定データ，および紫外可視分光法に関する図 1・6 の測定データ，6・4・2 節の UV-vis スペクトルは，横浜国立大学大学院理工学府博士課程前期 2 年の伊藤洸氏（生方研究室）に測定をお願いいたしました．ここに記して感謝します．

6 構造解析へのアプローチ

各種スペクトルによる有機化合物の構造解析は"クロスワードパズル"などに似ている。得られる情報から構造解析を正確に行うには先入観なくデータに向き合うことが求められ、その境地に達するには多くの経験を積むことが必要である。ここでは、実際に測定したスペクトルを使って行う構造解析の一般的な例を二つ紹介する。

1章 p.8 のコラム参照.

6・1 構造解析にあたって

これまでに解説した各種スペクトルから得られる情報を組合わせて、合理的に解析し、推定した構造と矛盾がなければ、構造決定が完了する。矛盾が生じた場合には、そのひとつひとつを慎重に検証して、間違いのない結論へと導く必要がある。

構造解析の手順は一つとは限らないので、どのようなアプローチで取組んでも良いが、各種スペクトルから得られる情報には特徴があり、それらを上手に活用して、適切に構造解析を進めることが大切である。

たとえば「クロスワードパズル」では、"すべて"のマスが正しい言葉で埋められなければ完成に至らないように、構造解析でも同様に、一つの矛盾もあってはならない.

6・2 「未知試料」と「反応生成物」

有機化合物の構造解析において対象となる物質は、以下のような二つの由来に分けられる。

> **未知試料:** 自然界から得られるなど構造の情報がない物質
> **反応生成物:** 反応の条件が明らかな有機合成反応によって得られる物質

たとえば、「未知試料」の例として、大量の植物からの抽出物をさまざまな手法で精製し、薬理活性（たとえば抗がん作用）をもつ微量の物質を単離する場合など、自然界から得られた特有の活性をもつ有機化合物などがある。これらの天然有機化合物はペプチドやタンパク質、糖類、あるいはステロイドやテルペンなどさまざまな種類が考えられ、ときには予想もしない物質であったりする。この

精製・分離の過程で、ある程度、化合物の種類や性質（酸性・塩基性、脂溶性・水溶性など）が絞られることもある.

ため，構造解析は決して容易ではなく，まず測定したスペクトルをもとに分子構造を推定し，さらにスペクトルの帰属を行い，矛盾がないことを確認する必要がある．もし，矛盾があれば，もう一度，スペクトルなどから得られる情報を検証し，構造を推定し直して帰属をするか，場合によっては，スペクトルの測定自体に誤りがあることも考慮に入れる必要がある（図6・1）．

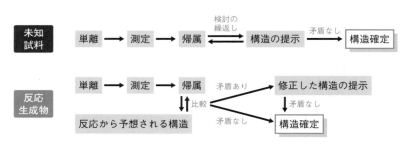

図 6・1　スペクトルによる構造解析の基本的アプローチ

　一方で，「反応生成物」の例として，市販の試薬のような既知の構造をもつ化合物をもとに，目的の有機化合物を段階的に合成する場合などがある．あらかじめ「反応生成物」の構造が予想できるので，構造決定はそれほど困難ではなく，一般にスペクトルの帰属を行うことで確認ができる（図6・1）．ただし，想定外の反応が起こった場合などに，事前の情報に縛られて，正しい構造に容易にたどり着けないこともある（次ページのコラム参照）．このようなときは，もう一度，構造を推定し直して帰属する必要がある．

6・3　構造解析へのアプローチと各スペクトルの役割

　各スペクトルから得られる情報をもとに，一般的に以下のようなアプローチで有機化合物の構造決定がなされる．

　有機化合物の構造解析において，分子量と分子式は非常に重要な情報であるので，まず第一にマススペクトルで得られた精密質量から「分子式の推定」を行う．つぎに，IRスペクトルなどから「どのような官能基があり」，「どのような官能基がないか」の情報を得る．官能基の種類によっては，NMRやMSなどの他の分光法がより有用な場合があるので（図6・2），上手に使い分けると良い．それとともに，NMRスペクトルによる水素や炭素のつながり方に関する情報をもとに炭素を中心とする「分子の骨格の推定」を行い，さらに詳細な解析により立体化学や幾何異性体の区別を含めた「分子構造の決定」を行う．実際には，

思い込みは危険！

　新たな有機化合物を合成する際，多くの場合，文献などを参考にして，「化合物 A と化合物 B の混合物に試薬 C を作用させれば D が生成するので，少し構造の違う A′ と B に C を作用させると D′ が合成できる」という前提をもとに反応を行う．そして，「良い収率で D′ ができた！」と"思い込み"ながら，各種スペクトルを測定する．しかしながら，反応が想定外の反応機構で進行し，目的の化合物とは異なる E が生成しているなど，さまざまな落とし穴が潜んでいる．

　たとえば，マススペクトルや IR スペクトルでは予想どおりの結果が得られたが，¹H NMR では予想とは異なり，あるシグナルの化学シフトがかなり低周波数（高磁場）側に現れたとしよう．このような矛盾があるにもかかわらず，「絶対に目的の化合物が生成している」とか「このような構造だとこういう測定結果になる可能性もある」などと"思い込み"，なかなか冷静に判断できないこともある．このような場合，先入観をもたずにスペクトルなどから得られた情報を見直して，合理的に構造を推定する必要がある．さらに解析を進めた結果，予想とは異なる構造をもつ化合物が生成していたことが明らかとなり，誤った判断を下したまま，つぎの段階に進まなかったことに，ほっと胸をなでおろす．

　このような危機を察知して危険を回避するためには，経験を積んで，適切なアプローチにより確実にスペクトルを読みこなす力をつけることが大切である．

　NMR スペクトルを詳細に調べることで，分子構造のほとんどが解析できる．また，UV スペクトルは構造解析にあたっては，共役系などに関する情報を得る場合に有用である．

ただし，NMR スペクトルでは窒素核や酸素核は直接観測しにくく間接的な情報しか得られないので，他のスペクトルからの情報と組合わせて解析することが重要である．

なお，¹⁵N 核の NMR スペクトルによって N 核に隣接する構造情報を得ることもできるが，感度が非常に悪いので長い測定時間を要する．どうしても解析できないときの，最後の手段として考えておきたい．

分子式と組成				
	MS > NMR			

官能基				
芳香族基の存在	NMR > IR > UV > MS			
カルボニル基の存在	IR = NMR > UV > MS			
ヒドロキシ基の存在	IR > NMR > MS			
シアノ基の存在	IR > MS > NMR			

構造解析				
	NMR > MS = IR > UV			

図 6・2　**官能基の類推**　不等号の大きいほうが，より重要な測定法

各スペクトルから得られる情報を下記にまとめた.

> MS: 分子量と分子式（分子イオンあるいはその関連イオン），官能基・部分構造
> 　　（フラグメンテーション）
> IR: 官能基（特性吸収帯）
> ^{1}H NMR: 官能基（化学シフト），水素の配列（スピン結合），水素数（積分）
> ^{13}C NMR: 官能基（化学シフト），非等価な炭素の種類（シグナル数）
> 2D NMR: 分子内の結合様式
> UV-vis: 分子内の共役系の有無や種類，極性官能基の配置（λ_{max}, ε）

分子内の結合様式としては，炭素と水素，炭素どうしのつながり方，水素どうしの空間的な距離の情報など.

スペクトル解析においては，データベースの活用も有用である．装置に付属しているものや，オンラインで検索できるものがいくつか利用できる.

たとえば国内では，国立研究開発法人産業技術総合研究所で公開している SDBS（有機化合物のスペクトルデータベース）などがある.

- MS は特に有用であり，クロマトグラフィーとデータベース検索を併用することで，一斉に混合物の成分分析を行う手法がある．クロマトグラフィーでは，構造異性体はもちろん，立体異性体も物性が異なれば分離できることがあるので，MS の価値をさらに高めることができる.
- IR はピークが複雑になりやすい指紋領域でも，データベースがあることによって同定が可能である．ただし，混合物ではスペクトルが複雑になってしまうので，純物質に精製されたものでなければならない.
- NMR は IR と同様に化合物の同定に利用できるが，NMR 単独でも解析できるため，あまり数は多くない．ただし，化学シフトが結合する官能基に依存する傾向がある（4 章参照）ので，類縁化合物のデータベースがあれば，化学シフトの予測に利用することができる.

6・4　構造決定をやってみよう

有機化合物の構造解析は，通常，6・3 節で述べたような手順にそって，高分解能 MS により分子式を推定し，各スペクトルから得られる情報をピースとして，"ジグソーパズル" を解くように分子構造を組み立てながら，結論に到達する．このような流れで構造決定を行うには，ある程度の経験が必要となる．ここでは，まず，これまでに学んできたことをもとに，各スペクトルから得られる有用な情報を取上げ，それらをもとに構造決定を進めてみよう.

低分解能 MS では，分子式の推定はできないが，イオンのノミナル質量から分子量を推定することはできる.

さまざまなアプローチが可能であり，ここでは解答例の一つを示した.

6・4・1　構造決定の実際1

MS

APCI

- 試料はアセトニトリル溶液
- 装置は APCI イオン源を備える TOF 型質量分析計（HR-MS の条件）

感度が低いながらも m/z 117 にピークが検出されたので，ソフトウェアによる絞込み検索の結果を下記に示した．

測定精密質量: m/z 117.09092 （正イオン）

絞込み条件: 含まれる元素 C, H, N, O，電荷 +1，相対質量確度 0〜50 ppm

分子式	不飽和度	計算精密質量 (Da)	質量確度 (mDa)	相対質量確度 (ppm)
$C_6H_{13}O_2$	0.5	117.09101	0.09	0.8
$C_4H_{11}N_3O$	1	117.08966	1.25	10.7
$C_2H_9N_6$	1.5	117.08832	2.60	22.2

EI

- 試料液体を直接導入プローブで導入
- 装置は EI イオン源を備える磁場セクター型質量分析計（HR-MS でない）

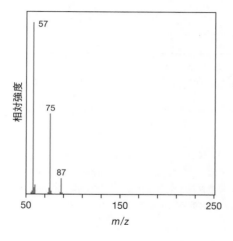

IR

液膜法による FT-IR 透過スペクトル

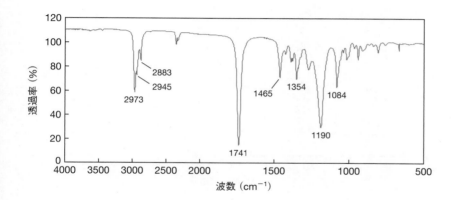

¹H NMR

- 試料は重クロロホルム（CDCl₃）溶液とした
- ¹H 共鳴周波数が 300 MHz となる装置にて測定
- テトラメチルシラン（TMS）を溶媒に溶解して基準物質（0 ppm）とした

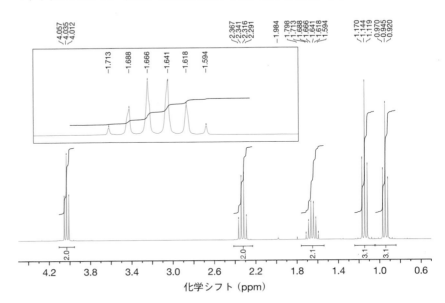

¹³C{¹H} NMR

- 試料は重クロロホルム（CDCl₃）溶液とした
- ¹H NMR 測定と同じ装置（¹³C 共鳴周波数 75.5 MHz）にて測定
- 標準物質の TMS は感度が低く検出されないので，溶媒である CDCl₃ 中の ¹³CDCl₃（¹³C²HCl₃）のシグナル（77 ppm，三重線）を基準として用いた

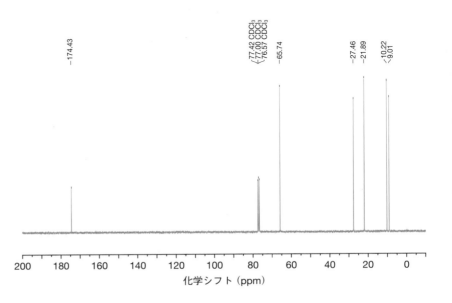

構造の推定

まず，各スペクトルから得られる情報について，以下にまとめた.

MS

APCI　高分解能質量分析（HR-MS）による絞込み検索から，最も質量確度が小さい分子式は $C_6H_{13}O_2$ であるが，APCI において観測される分子イオンはプロトン付加分子 $[M+H]^+$ に由来すると考えられるので，実際の分子式は $C_6H_{12}O_2$ と推定できる.

なお，今回は C, H, N, O の四つの元素で絞込みを行っているため，それ以外の元素が含まれていれば計算の結果には表れない．今後の推定や検証で矛盾が生じる場合には，その点も疑ってみる必要がある[*1].

EI　$C_6H_{12}O_2$ であるとすると，分子イオンピークは観測されていない．分子イオンが見えなくても，フラグメントイオンからは，大まかな分子の部分構造を予想することができる．方法としては予想される分子イオン（$M^{\cdot+}$，m/z 116）[*2]から，その差を求めてみるとよい．本書では詳しく取上げないが，表 6・1 に示したように脱離しやすいフラグメントイオンはある程度決まっており，やや曖昧であるが，分子構造を予測することもできる．ここからプロピルエステルまたはプロピルエーテルのような構造があることが推定される.

この場合 m/z 75 のピークは，質量（Da）が 41 のフラグメントが脱離したことを意味する．最も可能性が高いのは，表 6・1 にあるように C_3H_5 のフラグメントの脱離である．C_3H_5 の組成式をもつものは，安定な共鳴構造をもつアリル基（$CH_2=CH-CH_2\cdot$）かシクロプロピルラジカルである．しかしこの情報は曖昧なので，「求める構造式にはアリル基かシクロプロピル基があるはずだ」と断定するのではなく，「そのような可能性もある」として，最終的な決定は他のスペクトルを検討してから行うべきである.

表 6・1　推定される脱離しやすい中性フラグメントとその質量

質量（Da）	中性フラグメント（推定構造の例）[†]
29（$=116-87$）	C_2H_5（脂肪族の鎖にエチル基が含まれる場合） CHO（フェノール，フラン，アルデヒド）
41（$=116-75$）	C_3H_5（脂肪族化合物（多環式を含む），アルケン） CH_3CN（2-メチル-N-芳香族）
59（$=116-57$）	C_3H_7O（プロピルエステル，プロピルエーテル） $C_2H_3O_2$（メチルエステル） C_3H_9N（アミン，アミド）

† 青色は推定分子式から可能性のあるものを示した.

不飽和度

$C_6H_{12}O_2$ は不飽和度が 1 であるので，環構造あるいは二重結合のどちらかが一つ存在する.

質量確度 0.09 mDa（相対質量確度 0.8 ppm）より，絞込み検索から得られた分子式の信頼性は高い（2・3・6 節参照）.
$C_4H_{11}N_3O$ は不飽和度が整数のために（プロトン付加分子の場合は半整数になる），$C_2H_9N_6$ は質量確度が大きすぎるために適さない.

*1　場合により，MS 以外の元素分析法を用いて確かめる必要があるかもしれない.

*2　EI は $[M+H]^+$ でないことに注意しよう.

不飽和度の求め方については，2・2・5 節参照.

IR

- $3000\sim3600\ cm^{-1}$ に吸収なし: 多重結合（C−H 伸縮振動）や O−H，N−H は存在しない.
- $2800\sim3000\ cm^{-1}$: アルキル基（C−H 伸縮振動）の存在
- $1741\ cm^{-1}$: C=O 基の存在. 通常のケトンよりも高波数側に吸収が現れ，エステルなどの可能性（3・3・4 節）
- $1190\ cm^{-1}$: エステルの可能性（C−C(=O)−O 逆対称伸縮，3・3・6 節）

¹H NMR

化学シフト（ppm）	4.04	2.33	1.65	1.14	0.95
積分比	2	2	2	3	3

¹³C{¹H} NMR

下表に化学シフト範囲から推定される官能基を示した（チャート 4・2 参照）.

化学シフト（ppm）	174.4	65.7	27.5	21.9	10.2	9.0
C=O	▬					
O−CR₃, O−CHR₂, O−CH₂R, O−CH₃		▬				
C−CR₃, C−CHR₂, C−CH₂R, C−CH₃			▬	▬	▬	▬

これまでに得られた情報から，実際に構造解析を行ってみよう.

MS から分子式は $C_6H_{12}O_2$ と推定できる. また，**IR** と "不飽和度 1" から，C=O 基の存在が推定でき，環構造はないこともわかる. アルキル基の存在や酸素原子がもう 1 個あり，$1190\ cm^{-1}$ に吸収が見られることから，脂肪族エステルの可能性が高い. さらに，**¹³C NMR** から 174.4 ppm は C=O 基，65.7 ppm は −O−C，残りの 4 本のシグナルはアルキル基に由来し，IR の結果を裏付けている. したがって，エステルであることが決定し，他に不飽和結合がないので，残りの CH は鎖長が未知のアルキル基であることが決まる.

（欄外）C=O 基のうち，ケトンは 190～220 ppm になるので，ケトンではないとわかる.

$$\overset{\overset{\displaystyle O}{\|}}{R-C}-O-R'$$

¹³C NMR から五つのシグナルと，**¹H NMR** から積分比 2：2：2：3：3 が検出されていることから，メチレン基が三つ，メチル基が二つであると推定される. あとは，アルキル基 R，R′ の構造を明らかにすればよく，**¹H NMR** におけるシグナルの分裂様式（多重度）を検証することで，アルキル基のつながりがわかる.

4.04 ppm は酸素原子に隣接したメチレン基（−O−CH₂−）である. シグナルがトリプレットであることから，隣に等価なプロトンが 2 個あることがわかり，

（欄外）合計すると 12 となり，分子式の水素の数と一致するため，比率は間違いでないことがわかる.

（欄外）シグナルの分裂様式については 4・4・7 節参照.

$-O-CH_2-CH_2-$ の部分構造が確認できる.

1.14 ppm と 0.95 ppm は,積分比が 3 であるからメチル基であり,いずれもトリプレットであることから,隣に等価なプロトンが 2 個あることがわかり,CH_3-CH_2-の部分構造が 2 個あることが確認できる.これらの三つのパーツを欠けている部分に組合わせると,

R $=-CH_2CH_3$, R′ $=-CH_2CH_2CH_3$ であり,プロパン酸プロピルと推定される.構造から多重度を整理してみても,スペクトルから得られた 5 種類と矛盾がないことがわかる.

$$CH_3-CH_2-\overset{\overset{\displaystyle O}{\|}}{C}-O-CH_2-CH_2-CH_3$$
推定多重度 　t　　q　　t　　sext　t

sext: sextet
(セクステット,六重線)

構 造 式 の 検 証

ここまでのスペクトル解析で,化合物はプロパン酸プロピルであると推定された.しかし,いくつもの推論を積み重ねており,スペクトルの読み違えや重要な情報の見落としがあるかもしれない.そこで,矛盾がないかを,一つ一つ検証する必要がある.

$$CH_3-CH_2-\overset{\overset{\displaystyle O}{\|}}{C}-O-CH_2-CH_2-CH_3$$
　　　a　　b　　c　　　d　　e　　f

NMR において,水素,炭素とシグナルの対応をわかりやすくするため,左図のように記号をつけた.

MS

- APCI から $C_6H_{12}O_2$ で矛盾しない.
- EI からは,フラグメントイオンが検出されており,以下のように帰属できる.

m/z	開裂のメカニズム	
87	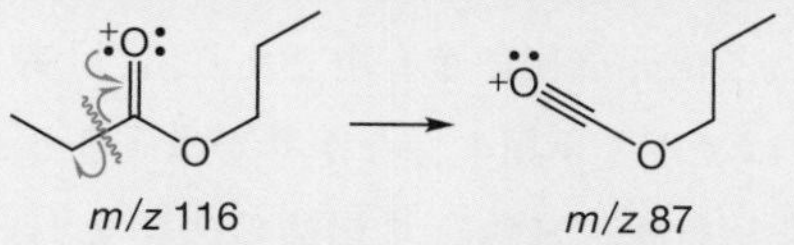 $m/z\,116$ → $m/z\,87$	α 開裂
75	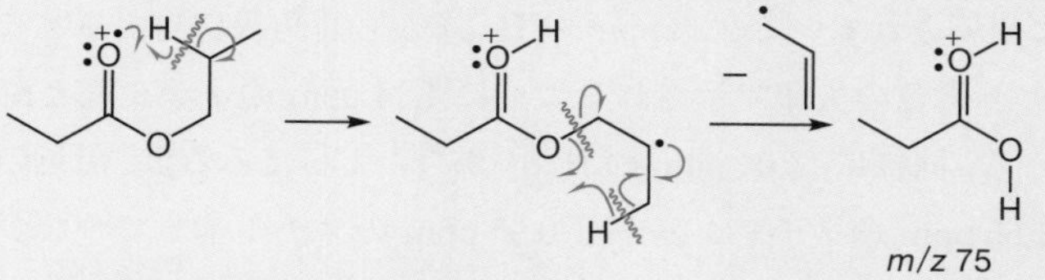 $m/z\,75$	2 度の水素転位を伴うマクラファティ転位
57	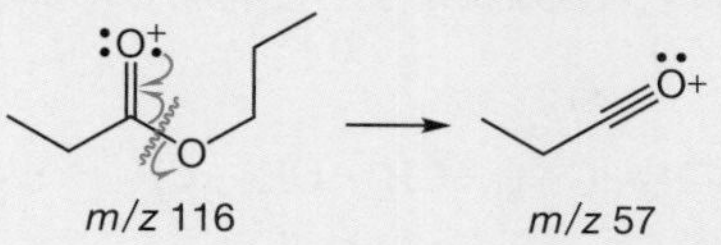 $m/z\,116$ → $m/z\,57$	α 開裂

m/z 87 と 57 の α 開裂は，カルボニル基，アルコキシカルボニル基によく見られる反応である．m/z 75 のイオンピークは，「構造の推定」のところで深入りしなかったピークである．実際，プロパン酸プロピルの構造式から直ちに m/z 41 の基が脱離することは考えられない．もしこのピークがなぜ生じるかを合理的に説明できなければ，構造の推定を再度やり直す必要があるかもしれない．2・5・3b で学んだマクラファティ転位のことを幸いにも覚えていた読者は，その類似性に気づくことで危険を回避できるだろう．この m/z 75 のピークは，水素 2 個が転位するやや特殊なマクラファティ転位によって生じる．通常のマクラファティ転位が起こるならば β 開裂によって生成するはずの，酸素原子に不対電子が残る状態が不安定であるので，2 度目の水素転位が連続して起こって C_3H_5 ラジカルが脱離すると考えられ，プロパン酸プロピルの EI スペクトルと考えて矛盾しない．

IR

- エステルの C=O の伸縮振動は 1741 cm^{-1}，エステル構造（C(=O)−O）の C−O 伸縮振動は 1190 cm^{-1}
- アルキル基の C−H 伸縮振動は 2800〜3000 cm^{-1}

^{1}H NMR

- 積分比は高周波数（低磁場）側から 2：2：2：3：3 より，12 個の水素の存在
- C=O 基に隣接した H(b) は 2.33 ppm，エステルの酸素に隣接した H(d) は 4.04 ppm
- 2 個のメチル基（0.95，1.14 ppm）は，化学シフトの差が小さいので区別しにくい．J 値にはわずかな違いが見られるが，はっきりと区別できるほどの差ではない．

メチル基の J 値は，0.95 ppm で 7.43 Hz，1.14 ppm で 7.58 Hz の分裂となっており，0.15 Hz だけわずかに異なっている．相関がある相手のメチレン基の J 値を正確に求めることができれば，どのメチレン基とつながっているかを解析することができる．実際には小数点以下 2 桁目の信頼性が乏しいので，この情報だけで解析するのはやや難しい．

COSY

化学シフトで区別できないときは二次元 NMR が有用であり，COSY スペクトル（4・7・3 節を参照）を測定すればアルキル鎖のつながりがはっきりとわかる．次ページの図は COSY の解析結果であり，対角線と相関の矢印を引いてある．まず，すでに帰属されている 2.33 ppm の H(b) から対角線に当たるところまでたどってみると，青色の矢印で示されるように 1.14 ppm のメチル基と隣合っていることがわかる．同様に，4.04 ppm の H(d) からたどってみると，黒色の矢印のようになり，1.65 ppm のメチレン基から 0.95 ppm のメチル基までつながっていることがわかる．これにより，^{1}H 化学シフトの帰属がすべて判明したことになる．

$$\overset{\overset{\text{O}}{\|}}{\text{CH}_3-\text{CH}_2-\text{C}-\text{O}-\text{CH}_2-\text{CH}_2-\text{CH}_3}$$

^{1}H 化学シフト   1.14   2.33   4.04   1.65   0.95

COSY

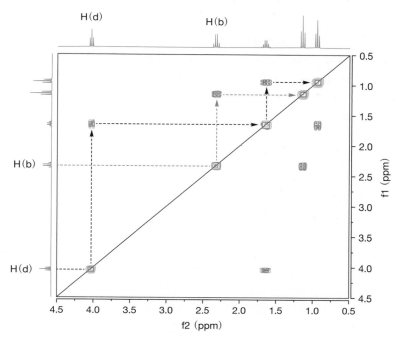

¹H NMR の補足 (**J** 値の解析)

スピン結合の分裂について，一つだけ気にするべきことがある．1.65 ppm 付近のセクステットのメチレン基のシグナルにおいて，隣接して等価な五つの水素核（メチレンの 2H とメチル基の 3H）があるとして解析したが，実は，メチレン基とメチル基の水素は，同じ結合定数を示す必然性はない．そこで，1.65 ppm 付近のメチレン基のスペクトルの拡大図をよく見ながら詳細な解析をしてみよう（次ページのコラム）．このメチレンプロトンのシグナルはセクステットに見える．しかし，6 本のシグナルのピークトップの間隔が微妙にずれている．また，一番外側の小さいピーク以外はシグナルに肩があったり幅が広かったりしている．これは，観測しているメチレン基（H(e)）の 2H と隣のメチル基（H(f)）の 3H の間の結合定数が 7.43 Hz，O の隣のメチレン基（H(d)）の 2H との間の結合定数が 6.72 Hz であって，かなり近いが同じではないために起こる．

専用の解析システムで多重度を計算させると，セクステット（六重線）ではなく，m（multiplet，多重線）であると出力されることもある．これはピークが等間隔ではないことを反映して，自動判定しているからである．

¹³C{¹H} NMR

- 六つのシグナルより，6 個の炭素の存在
- C=O 基の C(c) は 174.4 ppm，エステルの酸素に結合した C(d) は 65.7 ppm
- 他のアルキル基については，電気陰性度の違いによって，化学シフトからそれなりの予測はできる．しかし，2 個のメチル基（9.0 ppm，10.2 ppm）のように一部のシグナルは化学シフトの差が小さいので完全な帰属は困難である．

HSQC

　^{13}C NMR のシグナルが帰属できない場合は，HSQC スペクトル（4・7・3 節を参照）が役に立つ．HSQC により，^{1}H 核の帰属を簡単に ^{13}C 核に反映することができる．たとえば，次ページの図において ^{1}H が 0.95 ppm である H(f) から見ると，^{13}C の 10.2 ppm と相関があり，これが C(f) であると帰属できる．他の四つの相関も同様の作業で帰属できる．

$$CH_3-CH_2-\overset{\overset{\textstyle O}{\|}}{C}-O-CH_2-CH_2-CH_3$$

^{13}C 化学シフト　　　9.0　27.5　174.4　　65.7　21.9　10.2

　^{1}H NMR では 0.95 ppm の H(f) のほうが H(a) より低周波数側（高磁場側）であったが，^{13}C NMR では 9.0 ppm の C(a) のほうが C(f) より低周波数側となり逆転している．「^{1}H が決まったから ^{13}C も同じ傾向だろう」といったように安直に帰属をしてしまうと間違ってしまうので，帰属は正確に行う必要がある．

　以上のような帰属と解析による検証によって，構造とスペクトルに一切の矛盾がないことが示された．

複雑な分裂様式を手作業で図示するには？

　先に説明したように，1.71〜1.59 ppm のメチレンプロトンは，$J = 7.43, 6.72$ であるためきれいなセクステットにはなっていない．これを 4・4・7 節で用いた枝分かれの模式図で解析システムを使って表記すると下図のようになる．

　左図のスペクトルは，化学シフト値と J 値からシミュレーションで求めた仮想スペクトルであり，ピークの形も含めて実線の実測スペクトルをよく再現していることがわかる．この計算は専用の解析シ

ステムを用いているが，手作業でこれを表記するのはとても大変であり，分裂様式も複雑すぎて直感では見えてこない．そのような場合は，図 4・11 で示した方法を応用して分裂を斜めに分解してみるとわかりやすくなり，トリプレットとカルテットが重なっていることがわかる（右図）．右図では強度の数字と線の太さを変えているので，シグナルの形と見比べられるようにしている．

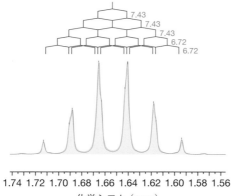

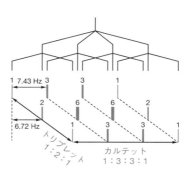

HSQC

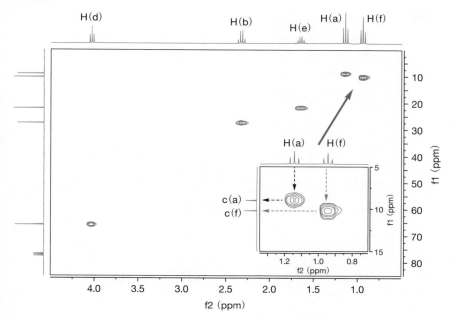

6・4・2 構造決定の実際2

分子式 $C_8H_8O_2$ で表される化合物の各スペクトルを以下に示した．この化合物の構造を決定せよ．

MS

EI（70 eV）

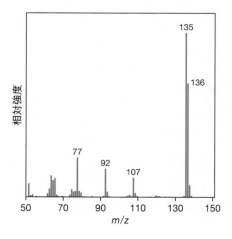

IR

液膜法

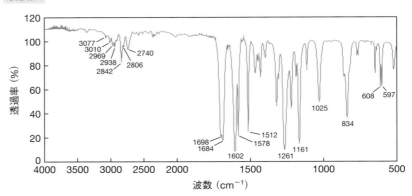

UV-vis

- 溶媒: アセトニトリル, セル: 光路長 1 cm, 石英製
- 濃度: 6.46×10^{-5} mol/dm³

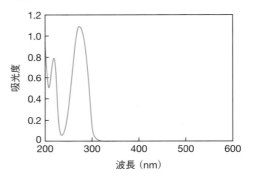

¹H NMR （300 MHz, CDCl₃）

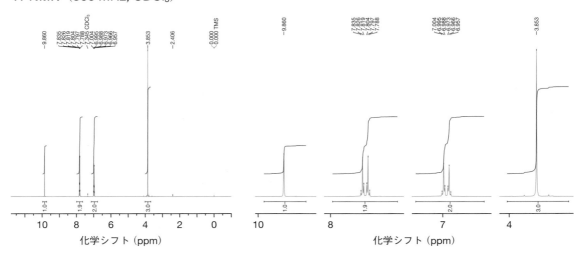

^{13}C{^{1}H} NMR（75.5 MHz, CDCl$_3$）

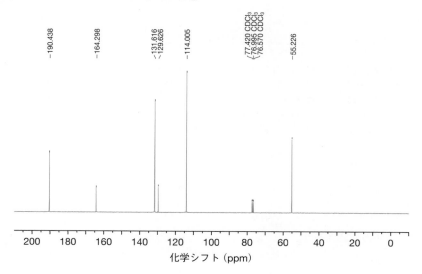

化学シフト（ppm）

2D NMR（CDCl$_3$）

 HSQC

 HMBC

^1J: C–H の直接結合相関が消え残っている．無視してよい

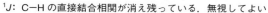

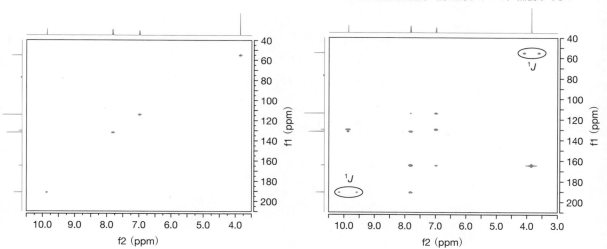

構 造 の 推 定

まず，各スペクトルから得られる有用な情報を次ページ以降にまとめた．

MS（EI）

カッコの中は可能性を示したものであり，MS を見てまず考えられることを列挙した．

m/z	イオン（イオンの構造の可能性）
136	M$^{+\cdot}$（分子イオン）
135（M−1）	[M−H]$^+$（水素ラジカル H・ の脱離）
107（M−29）	（エチルラジカル ・C$_2$H$_5$ またはホルミルラジカル ・CHO の脱離）
92（M−44）	（m/z 135 のイオンから CH$_3$CO・ またはプロピルラジカル C$_3$H$_7$・ の脱離．107 のイオンからメチルラジカル CH$_3$・ の脱離）
77（M−59）	C$_6$H$_5$$^+$（一置換ベンゼン環の存在）

不飽和度

　不飽和度が 5 であるので環構造や不飽和結合が存在し，ベンゼン環（不飽和度 4）の存在の可能性あり

IR

水素結合がある場合，
OH: 3550〜3200 cm^{-1}
COOH: 3300〜2500 cm^{-1}

ホルミル基は特徴的な二つの C−H 伸縮振動を示し，カルボニル基の吸収とあわせて，その存在が強く示唆される．

- O−H, N−H, 末端アセチレンの C−H 伸縮振動による吸収なし: OH, COOH, NH, 末端アセチレンは存在しない（3・3・1 節）
- 3010 cm^{-1}: 二重結合または芳香環の存在（C−H 伸縮振動）
- 2938, 2842 cm^{-1}: アルキル基の存在（C−H 伸縮振動）
- 2740 (2842) cm^{-1}: ホルミル基の存在（C−H 伸縮振動，3・3・2 節）
- 1690 cm^{-1} 付近: 通常のケトンよりも低波数側にあり，C=O 基が多重結合または芳香環と共役している（3・3・4 節）
- 1600〜1500 cm^{-1}: 3 本の鋭い吸収は芳香環の存在（C=C 伸縮振動）

UV-vis（溶媒: アセトニトリル）

λ_{max} (nm)	ε_{max}	吸収帯
219	12,300	π-π^*
273	16,900	π-π^*

　200 nm から 300 nm にかけて強い吸収帯が見られるのは，電子供与基あるいは電子求引基が置換したベンゼン環に見られるパターンである．

^{1}H NMR

積分比は高周波数（低磁場）側から 1:2:2:3 となり，これらの数字を合計すると，分子式の水素の数と一致する．

化学シフト	9.86	7.84〜7.78	7.01〜6.95	3.85
積分比	1	2	2	3
多重度	s	m	m	s

$^{13}C\{^{1}H\}$ NMR

下記の表に化学シフト範囲から推定される官能基を示した（チャート 4・2 参照）.

化学シフト（ppm）	190.4	164.3	131.6	129.6	114.0	55.2
カルボニル基	220 ▓▓▓▓ 155					
アルケン・芳香族		170 ▓▓▓▓▓▓ 80				
アルカン・アルキン					65 ▓▓ 0	

> これまでに得られた情報から，実際に構造解析をやってみよう.

分子式はすでに $C_8H_8O_2$ とわかっている.

IR からホルミル基の存在が予想され，これは **MS** で M−1 および M−29 のイオンがあることから支持される. 決定的なのは，^{1}H **NMR** における 9.86 ppm のシングレットの ^{1}H の存在と，^{13}C **NMR** における 190.4 ppm のカルボニル炭素の存在である. 4 章の ^{13}C 化学シフトに関するチャート 4・2 によると，195〜185 ppm は α, β 位に不飽和結合があるホルミル基であると予想される. これは，**IR** で C＝O 伸縮振動が 1690 cm^{-1} と低波数にシフトしていることと一致する.

また，**UV-vis** においてベンゼン環の特徴があり，^{1}H **NMR** の 7〜8 ppm 付近の 4H 分のシグナル，^{13}C **NMR** の 110 から 160 ppm にわたる範囲の 4 本のシグナルからは炭素数 6 のベンゼン環の存在がほぼ確実にわかる. 炭素数 6 であるベンゼン環の炭素のシグナルがなぜ 4 本しか見えないかということは，いずれ具体的な情報を与えてくれる. また，ベンゼン環領域の水素数は ^{1}H NMR の積分から 4 個分であると計算できる.

ここまでで，8 個の炭素原子のうち 7 個（ベンゼン環の 6 個の炭素が 4 本のシグナルしか示さないことは別として），2 個の酸素原子のうち 1 個，8 個の水素原子のうち 5 個の帰属がわかった. 残りは炭素 1 個，酸素 1 個，水素 3 個である.

IR からアルキル基の存在も確認されることから，分子式より，メチル基に残りの酸素が結合したメトキシ基−O−CH$_3$ の存在が予想される. このメトキシ基の存在は **NMR** において確認できる. NMR の化学シフトに関するチャート 4・1 および 4・2 では，メトキシ基が ^{1}H で 4.5〜3.2 ppm，^{13}C で 65〜50 ppm 付近であり，実測値（3.85 および 55.2 ppm）が範囲内にあることが確かめられる. 酸素原子は電気陰性度が大きいので，直接結合する炭素およびその炭素に結合した水素は電子密度が低下し，高周波側（低磁場）に観測される. ^{1}H NMR の積分は 3H 分であり，メトキシ基であることがわかる.

これらの仮定をまとめると右のようになる. 炭素数と酸素数は分子式と矛盾がないことがわかる.

すなわち，ビニル基やフェニル基などの二重結合をもつ官能基に結合しているホルミル基であるといえる.

官能基	C	H	O
メトキシ基	1	3	1
ホルミル基	1	1	1
ベンゼン環	6	4	
合 計	8	8	2

ベンゼン環上の水素数が 4 の構造は，ホルミル基とメトキシ基が結合した二置換ベンゼンを示唆し，異なる二つの置換基 X, Y の配置は以下の三つのパターンのいずれかになる．

MS（EI）で m/z 77 が観測されており，これは一置換ベンゼンであることを示唆する，と考えたことを忘れてはいけない．このことは，後述の構造式の検証において再確認する．

オルト二置換   メタ二置換   パラ二置換

異なる二つの置換基の配置については，NMR により最も確実に判断ができる．まず，^{13}C NMR ではベンゼン環のシグナルが 4 本しか見分けられない．このことは，6 個中 2 個の炭素は他の炭素と化学的に等価になっていると考えられるため，対称軸をもつパラ置換であることを示している（オルト置換およびメタ置換はすべて非等価）．非等価な炭素のシグナルが偶然にも重なってしまう場合もありうるが，^{13}C NMR はピークの分離が良いので重なることはほとんどない．

^1H NMR では，7.84〜7.78 ppm と 7.01〜6.95 ppm のシグナルはそれぞれ水素 2 個分の積分比であり，等価な 2 個の水素が二組あるパラ体であることが裏付けられる．

見た目は 6 本に割れているように見えるが，重なりを含めると理論的な本数はもっと多い．等価な H^A−H^D と H^B−H^C 間も高次のスピン系として寄与してしまうためである．パラ二置換体（AA′XX′ 型）に特徴的な分裂の形であるので覚えておいて損はない．

パラ二置換体において，H^A〜H^D はすべて磁気的に非等価であり，スピン結合はオルト，メタ，パラのすべての J が含まれ，複雑な分裂の形をしていることがわかる（たとえば，H^A から見ると，H^B（オルト），H^C（パラ），H^D（メタ）の位置関係となる）．7.84〜7.78 ppm と 7.01〜6.95 ppm の分裂の形が互いに対称になっているように見える*のは，お互いにほぼ同じ幅で分裂しているからである．この点もパラ置換の特徴であるといえる．

よって，化合物はパラ二置換体の 4-メトキシベンズアルデヒド（p-アニスアルデヒド）であると推定できる．

＊ 対称に見えるのは見かけだけであり，正確には J がわずかに違うので少し異なっている．

ベンゼン環の水素と炭素の化学シフトの値は以下のように説明できる．ベンゼン環に結合した −OCH$_3$ は共鳴による電子供与基として作用し，オルト位の電子密度は高くなり（共鳴構造 **B** と **D**），低周波数（高磁場）側にシフトする．また，−OCH$_3$ が結合したベンゼン環の炭素の電子密度は低くなる（共鳴構造 **G**）．一方，電子求引基 −CHO のオルト位の電子密度は低くなり（共鳴構造 **F** と **H**），

アルキル基に結合した場合は，酸素原子の電気陰性度が大きいために電子求引基として作用する．

高周波数（低磁場）側にシフトする．同時にホルミル基の付いた炭素原子の電子密度は高くなる（共鳴構造 **C**）．したがって，^{1}H NMR の帰属としては，H^A と H^D は 7.84〜7.78 ppm，H^B と H^C は 7.01〜6.95 ppm となる．

実際には，C=O 結合の磁気異方性効果による高周波（低磁場）シフトも含まれる．

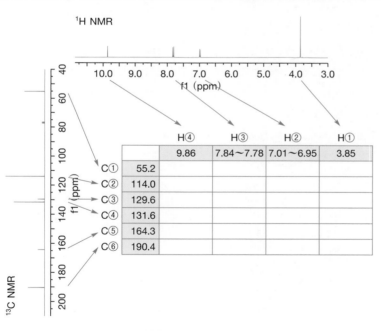

B **C** **D**

A

F **G** **H**

重要な共鳴構造 **E**

さらに確認のために，^{1}H−^{13}C 相関の二次元 NMR を見てみよう．二次元の相関の解析は，4 章の最後に行った化学シフト表を埋めていく作業を行うとよい．

このような手法は，パズルのピースを埋めるような作業であるので，「パズルアサインメント」ともいう．

^{1}H NMR

		H④	H③	H②	H①
		9.86	7.84〜7.78	7.01〜6.95	3.85
C①	55.2				
C②	114.0				
C③	129.6				
C④	131.6				
C⑤	164.3				
C⑥	190.4				

^{13}C NMR

ここではまず，炭素核と水素核の直接の結合，すなわち $^1J_{CH}$ を観測できる **HSQC** を取上げる．^{1}H NMR の 3.85 ppm のシグナル（H①）と ^{13}C NMR の 55.2 ppm のシグナル（C①）に相関があり，それぞれメトキシ基の水素核 H^F と炭素核 C^8 であることがわかる．また，四置換炭素は，^{1}H をもたないので HSQC での相関が見えない．同時に ^{13}C NMR において他の ^{13}C よりも相対的に強度が低いという特徴があり，その点も結果が一致していることがわかる（スペクトルで

は，164.3 ppm（C⑤）と 129.6 ppm（C③）だけが小さい）．

表では相関がある場所に ^1J に当たる「1」を入れておこう．あとは同様に相関があるシグナルを埋めてみると，判明している帰属を含めて，以下のようにまとまる．

帰属			E	AとD	BとC	F
			H④	H③	H②	H①
帰属			9.86	7.84〜7.78	7.01〜6.95	3.85
8	C①	55.2				1
	C②	114.0			1	
	C③	129.6				
	C④	131.6		1		
	C⑤	164.3				
7	C⑥	190.4	1			

前節で説明したように，^{1}H NMR または ^{13}C NMR の一方の帰属がわかると，HSQC 相関のある相手の帰属も自動的に決まる．たとえば，「B と C」の等価な ^{1}H 核に結合している炭素は「3 と 5」なので，HSQC の相関がある C② のところに帰属が書き込める．C④ も同様の作業で展開できる．

つぎに，**HMBC** を見ていこう．HMBC は，$^nJ_{CH}$（$n=2$〜4 程度）を見るため，まだ n の数字はわからないので，とりあえず「○」としておくことにする．ここで，HSQC で見えていた相関のところに，HMBC の一部でも相関があることがわかるので，併記しておこう．H① と C①，H④ と C⑥ の相関は HMBC で分裂して観測されているため，これらは HMBC の相関ではなく，測定したときの $^1J_{CH}$ の消え残りである．一方，H② と C②，および H③ と C④ は分裂していないので相関がある．^1J に ^nJ が重なる形で，不自然のようにも見えるが，このまま進めてみよう．

帰属			E	AとD	BとC	F
			H④	H③	H②	H①
帰属			9.86	7.84〜7.78	7.01〜6.95	3.85
8	C①	55.2				1
3と5	C②	114.0		○	1, ○	
	C③	129.6	○		○	
2と6	C④	131.6	○	1, ○		
	C⑤	164.3		○	○	○
7	C⑥	190.4	1	○		

δ9.86
δ190.4
δ129.6
δ131.6
δ114.0
δ164.3
Me δ3.85
δ55.2

下線は ^{1}H NMR
斜体は ^{13}C NMR

残る C③ と C⑤ の帰属は，C⑤ のほうがわかりやすい．メトキシ基が直接結合した炭素「4」と水素「F」の関係は ^3J に相当するので，強い HMBC 相関があると考えられ，相関が見えている C⑤ が炭素「4」に帰属される．しかも 164.3 ppm であることから，共鳴構造 **G** のように電子密度が低下した炭素原子であることがわかる．これにより残りの C③ は「1」と判明する．"帰属がすべて埋まったら"，検証のために HMBC で○を付けたところを，構造式を眺めながら，^nJ

の n の数字に置き換えてみよう.

帰属			E	AとD	BとC	F
			H④	H③	H②	H①
帰属			9.86	7.84〜7.78	7.01〜6.95	3.85
8	C①	55.2				1
3と5	C②	114.0		2	1, 3	
1	C③	129.6	2		3	
2と6	C④	131.6	3	1, 3		
4	C⑤	164.3		3	2	3
7	C⑥	190.4	1	3		

　以上をまとめると, すべて n が 2 または 3 で埋まることがわかり, 帰属に矛盾がないといえる. やや不自然であった H② と C② の HMBC 相関は, 「B と 5」または「C と 3」の ^3J が見えていたことになる. また, 表の灰色で示したところは, ^2J の相関に当たる部分でピークが見えていないものである. ^2J は ^3J よりも小さくなることが多いので HMBC で見えなかったとしても問題はない[*1] (スケールを拡大したり, 測定条件を変えたりすると見えようになる). それ以外の空欄はすべて ^4J 以上であり[*2], 化学シフトや HSQC からの帰属が正しかったと確かめられる.

*1　実際, 見えている ^2J も強度 (ピークの点の大きさ) は小さめである.

*2　もし, ^4J の相関が見えていたら, 「W 字型」(p. 87) などの特徴的な構造をもつことが多い. ベンゼン環のパラ位の関係にあたる ^4J は, W 字型にはならないので, J が非常に小さく, 見えることはほとんどない.

HSQC　　HMBC

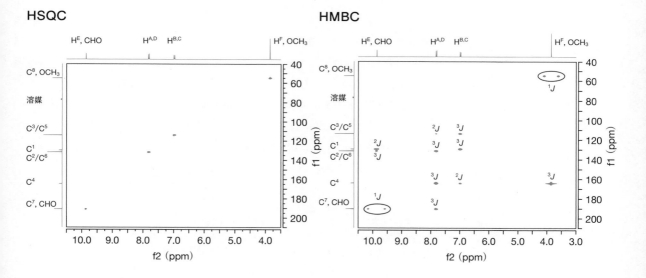

構造式の検証

　ここまでのスペクトル解析で化合物は 4-メトキシベンズアルデヒド (p-アニスアルデヒド) であると推定された. この結果に矛盾がないか, 6・4・1 節と同様に検証しよう.

MS

- この化合物の分子式は $C_8H_8O_2$ で，矛盾しない．不飽和度は 5 で，ベンゼン環で 4，カルボニル基で 1 である．
- **EI** において，m/z 135 の $[M-1]^+$ イオンが強く観測された．これは，分子イオンからホルミル基の H· が脱離して生成するアシリウムイオンであり，ホルミル基の存在を支持する（下図）．

また，m/z 107 はアシリウムイオンからさらに CO が脱離した，あるいは分子イオンピークから直接ホルミルラジカルが抜けたカチオン，m/z 92 はさらにメトキシ基のメチルが取れたイオンと考えられ，ホルミル基の存在，メチル基の存在を支持する．

m/z 77 のピークは，一置換ベンゼンの置換基が脱離したフェニルカチオン（$C_6H_5^+$）に相当するので，二置換ベンゼンであると考えたこれまでの推定構造とは相容れない．しかし，メトキシフェニル構造をもつ化合物においてメトキシ基の部分から CH_2O のホルムアルデヒドが脱離することがよく起こるので，分子からホルミル基と CH_2O が脱離してフェニルカチオンが生じたと考えられる．

これらのフラグメントイオンの観測は，置換位置については確かな情報を与えないが，フェニル基にホルミル基とメトキシ基が置換していることを示唆している．

オルト二置換体であると，二つの置換基の相互作用によって複雑な開裂パターンを示すことが多い．

IR

- ホルミル基が存在すると，2800 cm^{-1} および 2700 cm^{-1} 付近の 2 本の C−H 伸縮振動が現れるはずで，2840 cm^{-1} と 2740 cm^{-1} の吸収がそれらに相当すると考えられる．
- ベンゼン環の C−H 伸縮振動は 3010 cm^{-1} およびその近傍の吸収が相当する．
- メチル基の C−H 伸縮振動は 2969 cm^{-1} と 2938 cm^{-1} に見ることができる．
- C=O 伸縮振動は 1690 cm^{-1} 付近にやや先端が割れた強い吸収として現れている．脂肪族アルデヒドのカルボニル伸縮振動は通常 1730 cm^{-1} 付近に現れるが，この化合物では大きく低波数シフトしており，不飽和結合と共役したホルミル基であることが予想され，推定化合物の構造式と矛盾しない．

UV-vis

- ベンゼン環に電子供与性のメトキシ基と電子求引性のホルミル基がパラの位置関係で存在していることから，p.149 の図の **E** のような共鳴構造が描け，ベンゼン（255 nm 付近）より 20 nm ほど長波長に吸収極大があることが納得できる．なお，この化合物では 300 nm 付近に nπ* 吸収があるはずであるが，ε が数十と小さいため，スペクトル上で検出されなかったと考えられる．

^{1}H NMR

- メトキシ基のメチル基の水素 3 個分がシングレットで 3.85 ppm に現れている．ホルミル基の水素は最も高周波数（低磁場；スペクトルの左端）の 9.86 ppm にシングレットで現れている．

- 7 から 8 ppm 付近にはベンゼン環の水素 4 個分が 2 個ずつ現れていて，ダブレットに見えるが実際にはさらに細かく分裂しており，これは異なる置換基をもつパラ二置換ベンゼンの水素核が示す特徴的なシグナルである．

- ^{1}H NMR のこれらのシグナルは，それぞれが単純なダブレットではなく，やや複雑な分裂をしている．それは，磁気的に非等価な水素核のためである．

^{13}C{^{1}H} NMR

- メトキシ基のメチル炭素のシグナルが 55.23 ppm に，ホルミル基のカルボニル炭素が 190.44 ppm に現れている．残りの炭素はベンゼン環の 6 個であるが，パラ二置換ベンゼンであれば対称性から考えてシグナルは 4 本のはずであり，それらは 114.0～164.3 ppm に現れている．^{13}C NMR スペクトルは推定化合物の構造と矛盾しない．

　これで一応は矛盾がないと考えられるが，ベンゼン環については，化学シフトをもう少し詳しく見てみよう．置換基の効果から化学シフトを予測する方法については 4 章で説明している．たとえば，2,6 位の炭素に対する置換基の効果は，ベンズアルデヒドでは $\Delta\delta = +1.3$ であり，アニソールでは $\Delta\delta = +1.1$ であるから，合計すると $+2.4$（δ 130.8）である．実際のスペクトルでは 131.6 ppm であり，よく再現している．他のシグナルも同様の計算で求められ，よく一致していることがわかる．

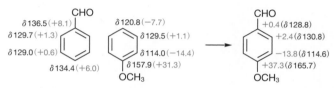

図 6・3　置換基の効果による 4-メトキシベンズアルデヒドのベンゼン環炭素の化学シフトの推定値　左辺の一置換ベンゼン（ベンズアルデヒドおよびアニソール）は実測の化学シフトを示しており，青色がそれぞれの置換基の効果の値．
引用：SDBSWeb：https://sdbs.db.aist.go.jp（National Institute of Advanced Industrial Science and Technology，2021 年 10 月）

アルキル鎖であれば，酸素原子などの電気陰性度の効果によって，化学シフトの推定はしやすかった．しかし，ベンゼン環からなる化合物は，共鳴効果が化学シフトに強く影響を与えるので，電気陰性度と隔てる結合の数だけでは説明することができない．共役系に結合している置換基の効果であれば共鳴効果をよく反映するので，構造式の検証において有力な手法となっている．

2D NMR

2D NMR では，構造の推定のところで行った相関表の作成が，そのまま構造式の検証につながる．作成した表に不自然な点がないかどうか改めて確認してみよう．

- HSQC では直接結合している炭素核と水素核の相関 $^1J_{CH}$ が現れており，推定化合物の構造と矛盾しない．

- HMBC では炭素核と水素核の $^3J_{CH}$ と $^2J_{CH}$ が検出できる．通常 $^3J_{CH}$ のほうが $^2J_{CH}$ より強い．対称性の良い化合物であるので，環構造に関わる C–H の相関を考えるときに，化学的には等価であるが磁気的には非等価な炭素・水素がそれぞれ二組ずつあることを念頭に考える必要がある．そのような炭素核に注目すると，一つの C–H 相関は $^1J_{CH}$ であるが他方は $^3J_{CH}$ であり，後者が観測される．これらのことを考慮すると，推定化合物に矛盾しない相関が得られている．

このようにして，構造式とスペクトルの間に矛盾がないので，未知化合物は 4-メトキシベンズアルデヒドであると決定できた．

これまでに学んだ知識を活用して，以下の三つの未知化合物の構造を推定しよう．

測定はおもに以下の条件で行った．異なる場合は個別に記載した．

LR-MS: 四重極質量分析計．イオン化法：EI．試料導入：ガスクロマトグラフ

HR-MS（演習問題 2）: 磁場セクター型（二重収束）質量分析計．イオン化法：EI．試料導入：直接導入プローブ

HR-MS（演習問題 3）: 飛行時間型質量分析計．イオン化法：APCI．検出イオン：負イオン．試料導入：液体クロマトグラフ

IR: フーリエ変換赤外分光装置（FT-IR）．試料調製法：液膜法，KBr 錠剤法，KBr ディスク法，ヌジョール法のいずれかを用いた．

¹H NMR: 500 MHz フーリエ変換核磁気共鳴装置

¹³C{¹H} NMR: 125 MHz フーリエ変換核磁気共鳴装置

溶媒: 重水素化クロロホルム（CDCl₃）（演習問題 1, 3），重水素化アセトン（(CD₃)₂CO）（演習問題 2）を用いた．

シグナルの位置は，基準物質（TMS）を 0 とした化学シフト（ppm）で示した．

スピン結合定数（$^n J$）の値は，共鳴周波数の差（Hz）で示した．

COSY, HSQC, HMBC: 磁場勾配パルスを用いる測定法を使用した．

演 習 問 題 1

この未知化合物は，C, H, O 以外の元素は含んでいないことがわかっている．この化合物の構造を推定せよ．

LR-MS（EI）

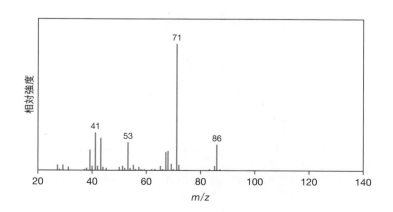

IR（液膜法）

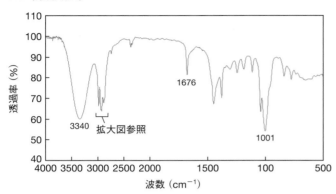

IR（拡大図）

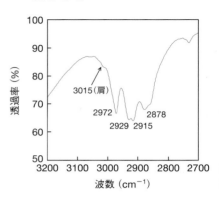

¹H NMR（溶媒：CDCl₃）

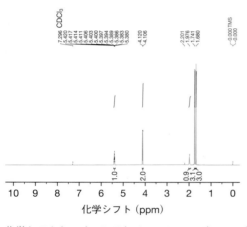

¹H NMR（拡大図）

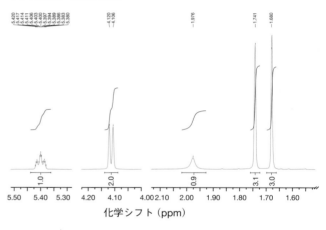

化学シフト（ppm）：5.40（t, J = 7.0 Hz, 1H），4.11（d, J = 7.0 Hz, 2H），
　1.98（s, 1H, D_2O 添加で消失），1.74（s, 3H），1.68（s, 3H）

¹³C{¹H} NMR（溶媒：CDCl₃）

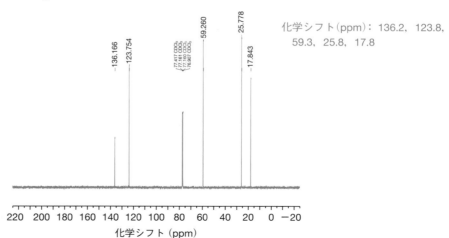

化学シフト（ppm）：136.2，123.8，
　　59.3，25.8，17.8

HSQC

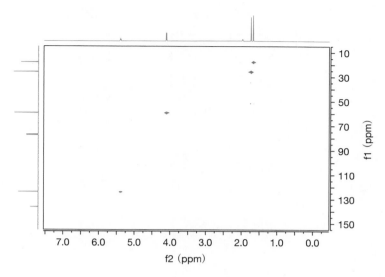

1D NOESY

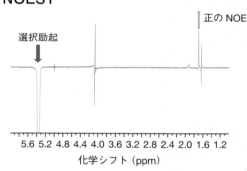

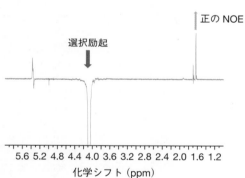

演習問題 2

　この未知化合物は，C, H, O 以外の元素は含んでいないことがわかっている．この化合物の構造を推定せよ．

LR-MS（EI）

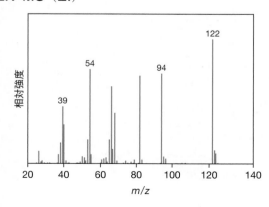

HR-MS

測定精密質量：m/z 122.03646

候補となる分子式（モノアイソトピック質量：ただし，中性分子として存在し得ない分子式も含む）

$C_2H_2O_6$（121.98514）　　$C_3H_6O_5$（122.02152）
$C_4H_{10}O_4$（122.05791）　　$C_5H_{14}O_3$（122.09429）
$C_6H_{18}O_2$（122.13068）　　$C_7H_6O_2$（122.03678）
$C_8H_{10}O$（122.07316）　　C_9H_{14}（122.10955）
$C_{10}H_2$（122.01565）

IR（KBr 錠剤法）

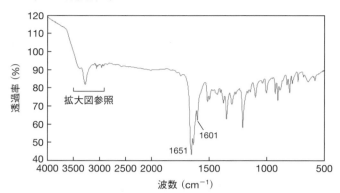

IR（拡大図）

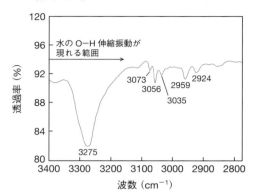

IR（ヌジョール法）

下線はヌジョールの吸収に帰属される吸収の波数

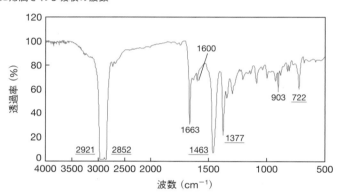

¹H NMR（溶媒：(CD₃)₂CO）

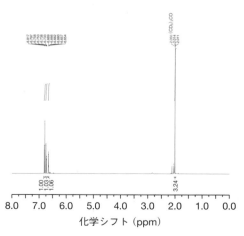

¹H NMR 拡大図

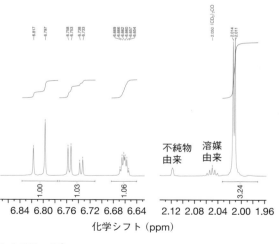

化学シフト（ppm）：6.81（d, $J = 10.0$ Hz, 1H），6.75（dd, $J = 10.0, 2.5$ Hz, 1H），
6.66（m, 1H），2.01（d, $J = 1.5$ Hz, 3H）

¹³C{¹H} NMR（溶媒：(CD₃)₂CO）

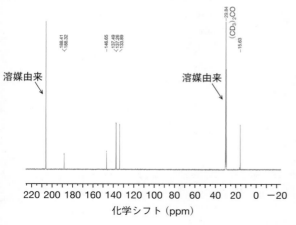

¹³C{¹H} NMR（拡大図）

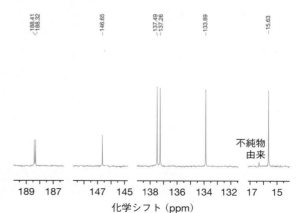

化学シフト（ppm）：188.4, 188.3, 146.7, 137.5, 137.3, 133.9, 15.6

COSY

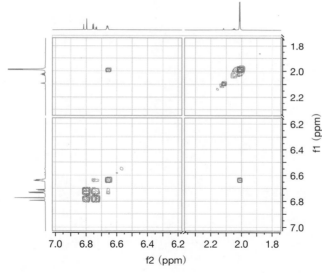

HMQC

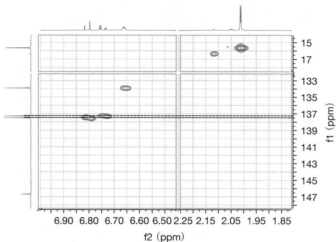

HMBC（拡大図）

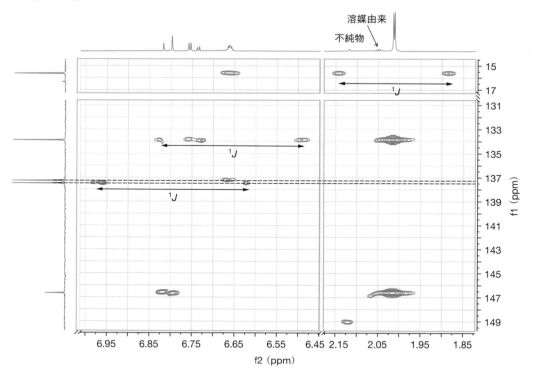

HMBC（拡大図 188 ppm 付近）

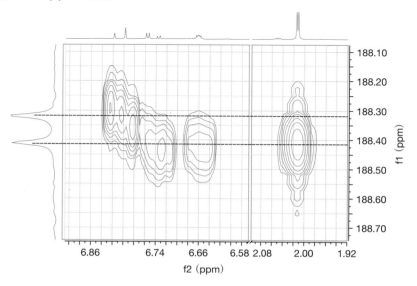

演習問題3

　この未知化合物は，以下のスペクトルを与える．この
化合物の構造を推定せよ．

LR-MS（EI）

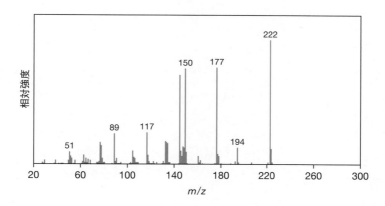

HR-MS（APCI，負イオン測定）

　測定精密質量：m/z 221.08230

　候補となる分子式：$C_{12}H_{13}O_4$（m/z 221.08193，相対質量確度 6.5 ppm）

IR（KBr ディスク法）

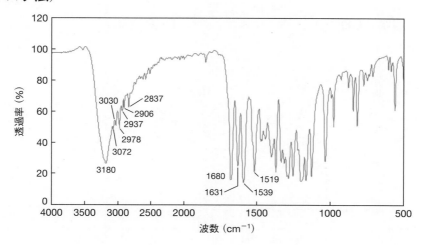

¹H NMR（溶媒： CDCl₃）

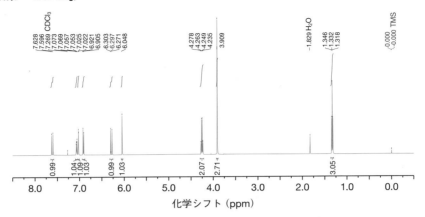

化学シフト（ppm）： 7.61（d, $J = 16.0$ Hz, 1H）， 7.06（dd, $J = 8.0, 2.0$ Hz, 1H）， 7.02（d, $J = 2.0$ Hz, 1H），
6.91（d, $J = 8.0$ Hz, 1H）， 6.29（d, $J = 16.0$ Hz, 1H）， 6.05（s, 1H： D₂O 添加によって消失），
4.26（q, $J = 7.0$ Hz, 2H）， 3.91（s, 3H）， 1.33（t, $J = 7.0$ Hz, 3H）

¹H NMR（拡大図）

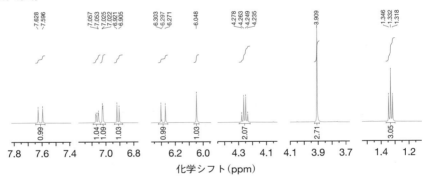

¹³C{¹H} NMR（溶媒： CDCl₃）

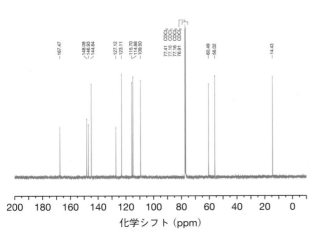

化学シフト（ppm）： 167.5， 148.1， 146.9， 144.8， 127.1，
123.1， 115.7， 114.9， 109.5， 60.5， 56.0， 14.4

DEPT135

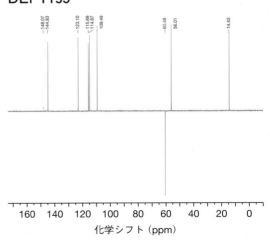

COSY

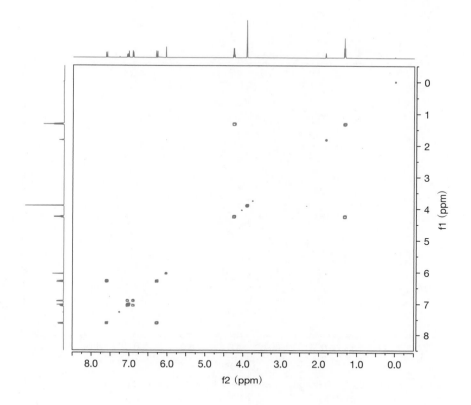

HSQC

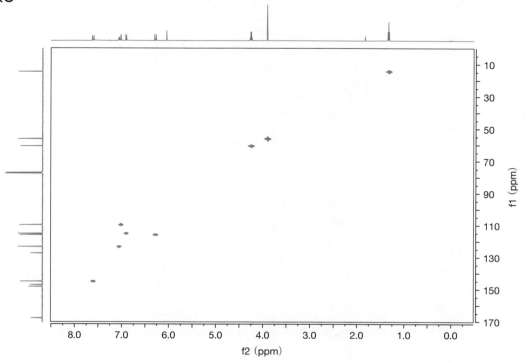

HMBC（全体図）

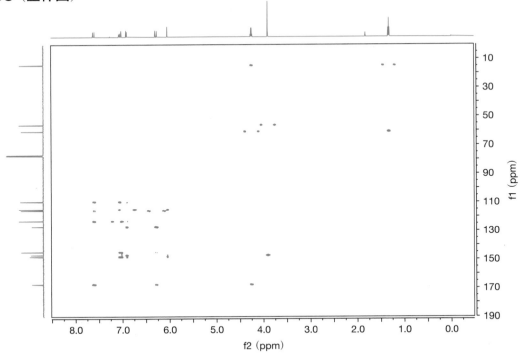

¹J の消え残りシグナルのペアは全部で 6 組見えているが，スペクトル中には帰属を示していない.
HSQC のスペクトルを参照して確認すること.

HMBC（拡大図）

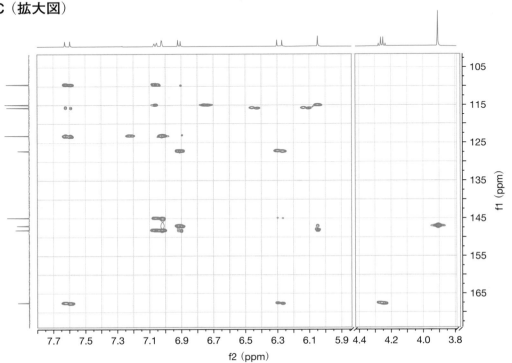

付録　典型的なスピン結合定数（*J*値）

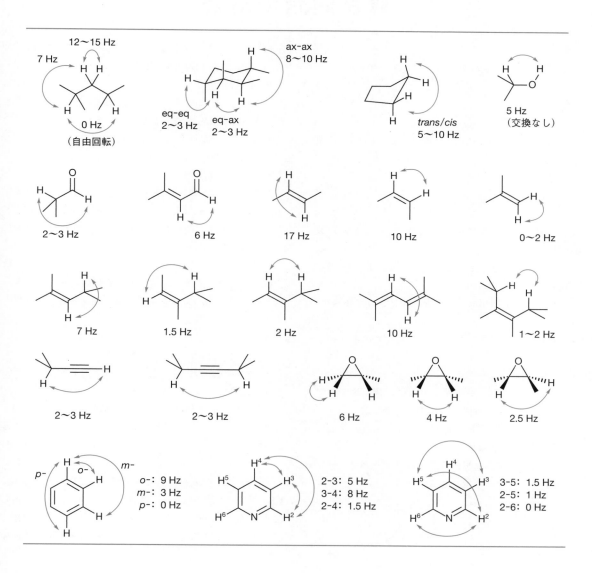

練習問題の解答

1章

p.8　クロスワードパズルの答え「スペクトル」

2章

2・1

1) 16種類（Cが2種類，Hが2種類，Clが4種類の組合わせ）

2) 117.9144 Da

3) 96.0

2・2

① 誤り．ノミナル質量が偶数のときは，窒素の数は偶数（0を含む）になる．

② 誤り．水素原子1個分増えることに相当するので，不飽和度では0.5だけ減る．

③ 正しい．不飽和度 −1 の安定な分子は存在しない．

2・3

① 誤り．電子イオン化は，ラジカルカチオンになりやすい．

② 正しい

③ 誤り．アンビエント質量分析は，前処理やクロマトグラフィーによる分離が必要のない分析法．

④ 誤り．四重極質量分析計は，総じて低分解能であり，HR-MS はできない．

2・4

1) イソ吉草酸側の2個のメチル基は，いずれもマクラファティ転位を起こす．

2) p.40 の図 2・18(b) 参照.

3章

3・1

① 誤り．赤外分光法では，原子どうしの結合が関わる振動についての情報がスペクトルとして得られるので，特定の官能基の有無が推定できる．

② 正しい

③ 誤り．IR スペクトルの縦軸は透過率（%）で表され，赤外光をまったく吸収しないときが 100 % に，完全に吸収したときが 0 % になる．
（"まったく吸収しないとき"と"完全に吸収したとき"を入れ替えても正解）

④ 誤り．ヒドロキシ基をもつ分子が分子内または分子間で水素結合を形成すると，そのヒドロキシ基の酸素原子と水素原子の間の結合が弱くなり，低波数シフトして幅広い吸収を示す．

⑤ 誤り．アルキン，アルケン，アルカンの C−H 結合は，結合を形成する炭素側の混成軌道の s 性が大きいほど結合が強く，高エネルギー側（高波数側）で吸収する．

⑥ 正しい

⑦ 誤り．カルボニル基が多重結合や芳香環と共役すると，共鳴構造の寄与のために C=O の二重結合性が弱くなり，吸収が低波数側に移動する．

⑧ 誤り．第一級アミドと第二級アミドでは 1700〜1500 cm⁻¹ にアミドI吸収帯とアミドII吸収帯が現れるが，第三級アミドではアミドI吸収帯しか現れない．

⑨ 正しい

⑩ 誤り．ヌジョール法（または液膜法，溶液法，KBr プレート法，ATR 法）で測定を行ったら，3500 cm⁻¹ 付近になだらかな吸収があったので，この化合物にはヒドロキシ基あるいはカルボキシ基があると判断した．

3・2

① c), b), a), d)

解説：c) は水素結合があると低波数シフトし，幅広になる．d) は2本現れる．1本は a) と重なるが，もう1本がさらに低波数に現れる．

② a), b)

③ b), d), a), c)

解説：b) と d) は近いが，一般にエステルのほうが若干高波数．d) については，上記 ① の d) の C−H 伸縮振動があればホルミル基の存在が明らかになる．

3・3

1) 以下の三つの理由による.

① 1745 cm⁻¹ にカルボニル基の特性吸収があるので，
>C=O が存在する. この化合物の分子式は C_5H_8O であ
るので酸素原子は一つであり，それがカルボニル基に使
われているので，アルコールやエーテルではない.

② この化合物の分子式は C_5H_8O であり，酸素原子は
一つである. したがって，この化合物は酸素原子を二つ
含む官能基をもつエステルやカルボン酸ではなく，ケト
ンまたはアルデヒドである.

③ IR スペクトルの 3000〜2700 cm⁻¹ の吸収を見る
と，すべてアルカンの C−H 伸縮振動に帰属される波数
範囲に収まっており，アルデヒドの C−H 伸縮振動に特
徴的な双子ピークの一つである 2700 cm⁻¹ 付近の吸収
が見られない. したがってこの化合物はケトンであり，
アルデヒドではない.

2) 分子式 C_5H_8O の分子式をもち，二重結合を一つも
つケトンは 4 種類あるが，いずれも sp² 炭素に結合した
水素原子をもつ.

これらの化合物のいずれかであれば，IR スペクトルに
おいて 3100〜3000 cm⁻¹ に C−H 伸縮振動が観測される
はずであるが，現れていない（図 3・4(g) 参照）. した
がって，この化合物に二重結合はない. よって，不飽和
度 1 は環構造に使われており，飽和環状ケトンと推定さ
れる.

3) 飽和環状ケトンでは，環の員数が 6 以上であれば
通常の飽和直鎖のケトンと同様 1715 cm⁻¹ 付近に吸収
をもつが，環の員数が 6 より小さくなると，立体ひずみ
のために伸縮に要するエネルギーが大きくなり，高波数
側にシフトする. その程度は，環の員数が小さくなると
より大きくなる. したがって，分子式 C_5H_8O をもち，
C=O 基による吸収が最も低波数側に現れる環状ケトン
はシクロペンタノンである.

3 章の p.56〜57 の飽和環状ケトンの項目の記述と照ら
し合わせると，この化合物はシクロペンタノンであると
結論できる.

4章

4・1

① 誤り. ベンゼンの ¹H のシグナルのほうが高周波
数（低磁場）側に現れる. チャート 4・1 参照

② 正しい. チャート 4・1 参照

③ 誤り. 誘起効果ではなく，共鳴効果. p.73 に実測
の化学シフトを掲載している. もし誘起効果が優勢であ
れば，酸素原子に近いオルト位のほうが高周波数（低磁
場）シフトするはずである.

④ 正しい. チャート 4・2 参照

⑤ 誤り. ベンゼンは 6 個の水素が化学的等価となる
からスピン結合は観測されない. また，置換ベンゼンで
あっても遠隔カップリングや磁気的等価の考慮が必要で
あり，隣合う水素だけで分裂を考えることはできない.

⑥ 誤り. (4・6)式参照

4・2

1) ④

メチン基の炭素原子は不斉炭素であるので，隣接する
メチレン基の二つの ¹H 核は互いにジアステレオトピッ
クな関係にあり，化学的等価ではなく，異なる化学シフ
トをもつ（4・4・5節参照）.

① も正しいように見えるが，メチン基の ¹H とスピン
結合することが理由で，隣接するメチレン基の二つの
¹H 核が磁気的非等価になることはない.

2) アルキル基の帰属は以下のようにまとめられる.
¹H NMR (500 MHz, DMSO-d_6) $\delta 3.49$ (dd, $J = 8.7, 4.2$
Hz, 1H), 3.32 (ddd, $J = 15.2, 4.3, 1.0$ Hz, 1H), 3.00 (dd,
$J = 15.1, 8.7$ Hz, 1H)

解説: 3.32 ppm は dd に見えるが，正確にピークを取得
すると少し分裂していることがわかる. また，ピークの
差を求めたときにピークの取り方によって 0.1 Hz くら
いずれることは珍しくない. その場合は複数のピークで
平均できるなら，平均値で求めるとやや正確になる.

この結果から，3.49 ppm と 3.32 ppm が 4.2〜4.3 Hz,
3.49 ppm と 3.00 ppm が 8.7 Hz, 3.32 ppm と 3.00 ppm が
15.1〜15.2 Hz で，互いにスピン結合していることが予
想できる. また，3.32 ppm の 1.0 Hz は，他に相手となる
対象がアルキル鎖部分にはないため遠隔カップリングと
なる. COSY で見たいところであるが，1 Hz 程度にな
ると相関信号がかなり小さくなり，正確な判別にはあま
り使えない. メチレン基プロトンの間の ²J は大きくな
りやすいため，15.1 または 15.2 Hz（小数点以下の差は
誤差）がジェミナルカップリングであると帰属される.

3) 化学シフトとスピン結合は前項で示しているが，化学シフト差（$\Delta\nu$）を Hz で計算すると，概ね 86.5 Hz となるから，$\Delta\nu/J > 8$ を満たしていることがわかる．したがって，これらの分裂は AX 型となる（遠隔カップリングを無視すると，シグナル三つで3スピン系となるので AMX 型と示す）．前項で帰属した dd や ddd の帰属が正しかったことがわかる．もし，$\Delta\nu/J > 8$ を満たしていなければ，その帰属は不適切となる可能性があり，たとえばマルチプレット（m）にするなどの訂正を考える必要がある．

4)（A）β 位のメチレン基：27.1 ppm は，DEPT が下向きであるからメチレン基の炭素とわかる．また，HSQC から2個の ^{1}H 核と相関があるので，メチレンの二つの水素は非等価であることがわかる．

（B）α 位のメチン基：54.7 ppm は，DEPT からメチル基またはメチン基の炭素である．HSQC から1個の ^{1}H 核と相関があるので，メチン基の炭素とわかる．

（K）カルボキシ基：チャート 4・2 を参照

5) 化合物（B）

情報はたくさんあるが，ヒントから導いてみよう．

・^{1}H NMR の芳香族シグナルを見ると，7.24 ppm のシグナルは J が小さいとわかるので，化合物（A）の3位または化合物（B）の2位のいずれかに帰属される．TOCSY の相関を見ると，7.24 ppm だけが孤立して他の芳香族 CH と相関がない代わりに，小さくインドール NH の 10.94 ppm と相関がある．したがって，化合物（B）の2位であることがほぼ確定する．

・1H の 3.00 ppm と 3.32 ppm は，設問 3）の結果からメチレンプロトンであることがわかるが，HMBC の相関信号を見ると，どちらも5個の相関がある．^2J および ^3J の位置関係にある ^{13}C は，化合物（A）が4個，化

合物（B）が5個であり，（B）の可能性が高い（ただし，HMBC は ^2J および ^3J に必ず信号があるとは限らないので確定ではない）．

・化合物（B）の2位と予想した ^{1}H の 7.24 ppm は，HSQC の相関がある芳香族のなかでも，^{13}C が最も高周波数（低磁場）である 123.9 ppm に検出されている．このことは，隣に N が結合していることで電気陰性度の効果を受けたことを示唆している．

6) ^{1}H–^{1}H と ^{1}H–^{13}C 相関と帰属の表は，それぞれ下記の表のようになる．これらの結果から基本的に大きな矛盾がないことがわかる．インドール環 NH(i) と2位の CH(f) は，$^3J_{HH}$ が約 2.3 Hz となっているため，COSY の交差ピークが他のベンゼン環 CH のピークより弱くなっている．

補足：ソフトウェアから出力したスペクトルの解析結果をまとめると以下のようになる．

^{1}H NMR (500 MHz, DMSO-d_6)　δ10.94 (s, 1H)，7.57 (dd, $J = 7.8, 1.0$ Hz, 1H)，7.35 (ddd, $J = 8.1, 1.2, 1.0$ Hz, 1H)，7.24 (d, $J = 2.3$ Hz, 1H)，7.06 (ddd, $J = 8.1, 6.9, 1.2$ Hz, 1H)，6.97 (ddd, $J = 7.9, 6.9, 1.0$ Hz, 1H)，3.49 (dd, $J = 8.7, 4.2$ Hz, 1H)，3.32 (ddd, $J = 15.2, 4.3, 1.0$ Hz, 1H)，3.00 (dd, $J = 15.1, 8.7$ Hz, 1H)

^{13}C NMR (126 MHz, DMSO-d_6)　δ170.29, 136.28,

^{1}H–^{1}H 相関と帰属

			1	4	7	2	6	5	α	β′	β″
			i	h	g	f	e	d	c	b	a
			10.94	7.57	7.35	7.24	7.06	6.97	3.49	3.32	3.00
β′	a	3.00							3	2	
β″	b	3.32							3		2
α	c	3.49								3	3
5	d	6.97		3		3					
6	e	7.06			3		3				
2	f	7.24	3								
7	g	7.35					3				
4	h	7.57						3			
1	i	10.94				3					

^{1}H−^{13}C 相関と帰属

			1	4	7	2	6	5	α	β'	β''
			i	h	g	f	e	d	c	b	a
			10.94	7.57	7.35	7.24	7.06	6.97	3.49	3.32	3.00
β	A	27.1							2	1	1
α	B	54.7							1	2	2
3	C	109.6	3	3		2			3	2	2
7	D	111.2			1			3			
5	E	118.1			3			1			
4	F	118.3		1			3				
6	G	120.7		3			1				
2	H	123.9				1				3	3
3a	I	127.2	△3		3	3		3		3	3
7a	J	136.3	△3	3		3	3				
COOH	K	170.3							2	3	3

△ は信号強度が小さいことを示した．信号強度が小さいときは，二次元 NMR では等高線の本数が減り，ピークが小さく見える．

127.25, 123.93, 120.74, 118.26, 118.13, 111.22, 109.64, 54.71, 27.14

　細かく計算させると，7.54 ppm と 7.35 ppm は，パラ位の $^5J_{HH}$ が 1 Hz で相関があるので，見た目は d でも dd や ddd になっていることがわかる．また，3.32 ppm には 1 Hz の遠隔カップリングがあり，インドール 2 位の ^{1}H（7.24 ppm）が相手となる ^4J である．COSY スペクトルを弱いクロスピークまで書かせて初めてわかることであり，一次元の ^{1}H NMR スペクトルでは，2 位の ^{1}H のシグナルにこのカップリングははっきりとは認められなかった．

　化学シフトや J 値の解析に大きな矛盾はないため，結果が正しかったことがわかる．

5章

5・1

　① 誤り．紫外可視分光法では，電子遷移についての情報がスペクトルとして得られ，物質を構成する原子の組成は明らかにならない．

　② 正しい

　③ 誤り．ある均一な溶液試料を光路長 1 cm のセルに入れたときのある波長の光の透過率が 10 ％であった．この試料を 2 cm のセルに入れたときの透過率は 1 ％となる．

　光が 1 cm 進む間に透過率が 10 ％になるので，もう 1 cm 進むとさらにその 10 ％になるから，最初の 1 ％になる．

　④ 誤り．モル吸光係数の値は，溶媒の種類や温度に依存する分子固有の定数である．

　⑤ 誤り．紫外可視分光法では，350 nm 付近より長波長側では一般的にハロゲンランプが使用される．

　⑥ 正しい

　⑦ 正しい

　⑧ 誤り．一般的に n-π* 遷移は，π-π* 遷移よりも長波長側で観察され，π-π* 遷移よりも吸収強度が小さい．

　⑨ 正しい

　⑩ 誤り．アニリニウムカチオンの HOMO-LUMO 遷移は，フェノラートアニオンのそれより短波長側で観察される．

5・2

　1) 透過率: 10 ％，吸光度: 1.0．(5・3)式を用いる．

　2) 2.0×10^4 dm^3 mol^{-1} cm^{-1}．(5・1)式を用いる．（分子量 600 はモル質量 600 g mol^{-1} より濃度が計算できる．）

　3) 理由: 吸光度の値が 4.0 ということは，透過度は 0.0001 であり，わずかな光を検出していることになり，迷光の寄与を無視できなくなるため．

　方法: 希釈した溶液もしくは光路長の短いセルを用いて測定する．

　4) 理由: 250 nm の光はガラスセルにより吸収され，ほとんど透過しないため．

　方法: ガラスセルの代わりに，250 nm の光の透過率の高い石英セルなどを用いて測定する．

演習問題の解答

演習問題 1

プレノール

LR-MS（EI）

分子イオンピークは $m/z\,86$ と考えられ，HR-MS のデータがないので，分子量 86 として分子式を推定する．C, H, O からなる中性分子で，不飽和度（括弧内）が 0 以上の整数であるものを下記に示した．

$C_3H_2O_3(3)$, $C_4H_6O_2(2)$, $C_5H_{10}O(1)$, $C_6H_{14}(0)$, $C_7H_2(7)$

通常，M−15（$m/z\,71$）は分子イオンからメチル基が脱離したもの，M−18（$m/z\,68$）は水分子が脱離したものであり，両方の場合は M−33（$m/z\,53$）が見られる．

IR（液膜法）

$3340\,cm^{-1}$ の強い吸収は，OH の伸縮振動に起因する．液膜法であるので，空気中の水分が混入する心配はないため，間違いない．

$3000\,cm^{-1}$ より高波数側に C−H 伸縮振動の吸収が見られないので，多重結合に結合した水素はないように見える．しかし，拡大してよく見ると $3015\,cm^{-1}$ 近辺のピークが "肩" のようにも見え，注意が必要である．

$1676\,cm^{-1}$ の中程度の吸収は，カルボニル基の伸縮振動にしては弱く，C=C 伸縮振動であると考えられる．$1001\,cm^{-1}$ の強い吸収は，$3340\,cm^{-1}$ の吸収とあわせてアルコールの C−O 伸縮振動であると考えられる．

LR-MS のデータにおいて脱水したイオンピークが観測され，IR で OH が確認されることから C_6H_{14} および C_7H_2 ではないことがわかる．

¹H NMR（CDCl₃, 500 MHz）

各 ¹H の存在比は，高周波数（低磁場）側から 1:2:1:3:3 であり，分子式中の水素の数は 10 の倍数になるはずである．予想される分子式のなかでは，$C_5H_{10}O$ のみが該当する．

各シグナルからは以下のことがわかる．

1.74 ppm（s, 3H）と 1.68 ppm（s, 3H）：互いに化学的に非等価なメチル基であり，カップリングが見えないことから隣接炭素に ¹H が結合していないことがわかる．また，これらの化学シフトは，通常のアルキル基末端のメチル基より少し高周波数（低磁場）側にある．

1.98 ppm（s, 1H）：重水添加で D と交換して消失する解離性 ¹H である．$C_5H_{10}O$ という分子式と化学シフトから，解離性 ¹H をもつ官能基は OH（アルコール）であると予想される．

5.40 ppm（t, 1H）：化学シフトからアルケンのものと考えられる．トリプレットであるので，隣接炭素に 2 個の ¹H が存在する．不飽和度 1 はアルケンに基づく．

4.11 ppm（d, 2H）：アルケンのものとしては低周波数（高磁場）側すぎる．J 値の比較から，5.40 ppm のシグナルのアルケン ¹H の隣接位（アリル位）のメチレン ¹H であると考えられる．しかし，アルケンの隣接位のメチレン基のものであれば 2〜3 ppm 付近に現れるはずであるが，それよりだいぶ高周波数（低磁場）側にある．これは，電気陰性度の大きい原子あるいはもう一つの π 電子系に隣接しているか，あるいは何かの官能基の非遮へい領域に存在している，などの要因があると予想される．

¹³C{¹H} NMR（CDCl₃, 125 MHz）

炭素数は 5 と考えられ，これは先に予想した分子式 $C_5H_{10}O$ と一致する．

化学シフトを検討すると，低周波数（高磁場）領域の二つのシグナルはそれぞれメチル基の ¹³C に，59.3 ppm のシグナルは O に隣接した ¹³C に，高周波数（低磁場）領域の二つのシグナルはアルケンを構成する ¹³C に帰属できる．

HSQC

上記の ¹H NMR と ¹³C NMR の関係は，HSQC と合致している．二つの CH₃ 基，一つの CH₂ 基，および一つの三置換アルケンの存在がわかる．

1D NOESY（差 NOE）

演習問題 1 では差 NOE を示しており，励起したシグ

ナル（大きく下に凸）以外で正負のどちらか片側に出現しているものは NOE が観測されている.

　左図では 5.40 ppm のアルケン ^{1}H のシグナルを照射したとき，1.74 ppm のメチル基 ^{1}H のシグナルが増大し，右図では 4.11 ppm のメチレン ^{1}H のシグナルを照射したとき，1.68 ppm のメチル基 ^{1}H のシグナルが増大した. このことからアルケン ^{1}H は 1.74 ppm の高周波数（低磁場）側のメチル基 ^{1}H と空間的に近接し，メチレン基 ^{1}H は 1.68 ppm の低周波数（高磁場）側のメチル基 ^{1}H と近いことがわかる.

総合的考察

　これまでに得られた情報から，三置換アルケンを中心に考えると，この二重結合には，メチル基が二つ，メチレン基が一つ，水素が一つ結合していることがわかる. OH 基が結合可能であるのは，メチレン基だけである. これらの結合の仕方は，以下の三つが考えられる.

A　　　　**B**　　　　**C**

　これらについて，J 値と NOE の両面から調べよう.

　J 値　アルケン ^{1}H とメチレン ^{1}H の間に $J = 7.0$ Hz のカップリングがある. この大きさは ^3J である可能性が高く，^4J になると大きくても 3 Hz 程度である. アルケン ^{1}H とメチレン ^{1}H の相関が ^3J になるような構造は **A** のみであり，**B** と **C** では ^4J になる. したがって，この化合物の構造は **A** に相当し，3-methylbut-2-en-1-ol（プレノール）であることが明らかになった.

　1D NOESY　アルケン ^{1}H と高周波数（低磁場）側（1.74 ppm）のメチル基 ^{1}H，およびメチレン基 ^{1}H と低周波数（高磁場）側（1.68 ppm）のメチル基 ^{1}H が空間的に近いことがわかった. したがって，構造 **A** において，1.68 ppm のメチル基はメチレン基と *cis* の関係，1.74 ppm のメチル基は *trans* の関係にあると確定できた.

　さらに HSQC から，^{1}H NMR で 1.68 ppm のメチル基の ^{13}C シグナルは 17.8 ppm，1.74 ppm のメチル基の ^{13}C シグナルは 25.8 ppm であることもわかった.

^{1}H: 1.74 ppm
^{13}C: 25.8 ppm

^{1}H: 1.68 ppm
^{13}C: 17.8 ppm
A

構造とスペクトルの照合

　得られた構造 **A** が，各種スペクトルと矛盾がないかを検証する.

　MS および IR: 矛盾しない

　^{1}H NMR: すべてのシグナルの化学シフトと J 値は構造 **A** と矛盾しない. 5.40 ppm のアルケン ^{1}H のトリプレットのシグナルには，さらに小さなカップリング（quint, 1.5 Hz）があるように見える. しかし，他のシグナルにそれに相当するカップリングが見えない. 二つのメチル基の合計 6 個の ^{1}H と $J = 1.5$ Hz 程度のカップリングがあり，メチル基のシグナルにはそのカップリング（それぞれ 2 本に分裂するはず）が見えていないが，アルケン ^{1}H はトリプレットの各シグナルがセプテットとして現れたと考えられ，その両端の二つのシグナルは小さくて見えていないと考えればつじつまが合う.

　^{13}C NMR, HSQC: 矛盾しない

　1D NOESY: アルケン上の置換基の配列と，^{1}H NMR, ^{13}C NMR の帰属を決定するのに有用であった.

演習問題 2

p-トルキノン

LR-MS（EI）

　分子イオンピークは *m/z* 122 と考えられる. M−28 (*m/z* 94) のイオンは，エチレンの脱離（マクラファティ転位によることが多い）あるいは環状ケトンからの CO の脱離を想起させる.

HR-MS: *m/z* 122.03646

　相対質量確度の許容幅を少し大きめにとって ±10 ppm（±0.0015 Da）程度（2・3・7 節参照）として絞込み検索をする. モノアイソトピック質量が 122.035 から 122.038 の間にある，C, H, O からなる化学種で，不飽和度が 0 以上の整数である，という条件を満たす分子式は以下の 1 件のみである.

　$C_7H_6O_2$（*m/z* 122.03678, 相対質量確度 −2.6 ppm）
不飽和度は $(7+1) + (-6/2) = 5$ である. 以下はこの分子式である前提で解析を進める.

IR（KBr 錠剤法およびヌジョール法）

　KBr 錠剤法で測定した際の 3275 cm^{-1} の吸収は，OH

や NH の伸縮振動を想起させるが，KBr 錠剤法では空気中の水分の吸収により水の OH 伸縮振動が観測されるため，この場合はヌジョール法によって判断する．3300 cm^{-1} 付近の吸収がなく，<u>OH 基は存在しないこと</u>がわかる．

一方，ヌジョール法では，3000〜2800 cm^{-1} にアルキル基の C−H 伸縮振動が強く観測されるため，アルキル基の有無は判断できない．

ヌジョール法では観測できないが，KBr 錠剤法の拡大図では 3073，3056，3035 cm^{-1} に弱いがしっかりとピークが見られ，芳香環あるいは二重結合に結合した水素があると判断できる．また，KBr 錠剤法では 2959，2924 cm^{-1} にも吸収が見られるので，<u>アルキル基がある</u>ことがわかる．

両方の試料調製法において 1650〜1660 cm^{-1} 付近に強くて鋭い吸収があることから，<u>カルボニル基があると</u>推測される．ただし，KBr 錠剤法の場合，水分子の変角振動の吸収が 1640 cm^{-1} 付近に現れるので注意が必要である．ヌジョール法での測定と比べると，この波数領域の見た目がだいぶ異なっている．

上記の吸収波数が，基準となるアルキルケトンの 1715 cm^{-1} よりだいぶ低波数側にあることから，<u>多重結合や芳香環などと共役したカルボニル基であると考えられる</u>．ホルミル基があれば 2800 cm^{-1} 付近と 2700 cm^{-1} 付近に現れる二つの C−H 伸縮振動が KBr 錠剤法で見られないからアルデヒドではない．エステルかどうかの判断は難しいが，共役系のエステルにしては吸収が低波数であり，<u>共役ケトンである可能性が高い</u>．また，両方の調製法に見られる 1600 cm^{-1} 付近の弱いが鋭い吸収は，KBr 錠剤法で見られる 3000 cm^{-1} より高波数の吸収とあわせて考えると，<u>二重結合の存在を示唆している</u>．

^{1}H NMR（(CD$_3$)$_2$CO，500 MHz）

HR-MS から得られた分子式 C$_7$H$_6$O$_2$ に基づき，^{1}H シグナルの積分比により，高周波数（低磁場）側から，<u>水素の数は 1, 1, 1, 3 であると考えてよい</u>．

高周波数（低磁場）側の三つの水素のシグナルは，<u>芳香族あるいはアルケンに帰属できる</u>．芳香族であれば，かなり低周波数（高磁場）側に寄っており，通常は電子供与基のオルト位の ^{1}H がこのあたり（6〜7 ppm）に現れるが，この場合は三つとも 7 ppm より低周波数（高磁場）側であり，芳香族であればかなり特殊な構造である．一方，アルケンであれば，一般的な 5〜6 ppm より

だいぶ高周波数（低磁場）側に現れている．このあたりにアルケンの ^{1}H シグナルが現れるのは，強い電子求引基と共役したアルケンの β 位（電子求引基から遠い側）の場合である．その場合，α 位（電子求引基の隣）は通常のアルケンの位置に現れる．この化合物では，三つとも高周波数（低磁場）側に現れているので，アルケンとすれば特殊である．

2.01 ppm（d, 3H）のシグナルはメチル基に帰属してよい．吸収の位置は，アルカンの末端メチルにしてはかなり高周波数（低磁場）側であり，<u>カルボニル基に連結しているか（アセチル基），あるいはアルケンや芳香環に結合したメチル基であると予想できる</u>．

次に，J 値（スピン結合定数）について見てみよう．6.81 ppm（d）のシグナルは $J = 10.0$ Hz であり，6.75 ppm（dd）のシグナルは $J = 10.0$ Hz と 2.5 Hz である．これらの間には 10.0 Hz のカップリングがあると考えられるが，この確認は，6.75 ppm の 2.5 Hz のカップリングとともに 2D NMR で行う．

6.66 ppm のシグナルは細かく分裂していて，解析が難しい．それぞれのピーク値の間隔からその周波数差を計算すると，高周波数（低磁場）側からそれぞれ 1.5, 2.0, 1.0, 1.5, 1.5 Hz である．これらの値については改めて検証する．

先にもう一つの 2.01 ppm（d）のシグナルを見ると，$J = 1.5$ Hz という大きさは，一般的な ^3J（メチル基炭素に結合する炭素上の ^{1}H とのカップリング：6〜8 Hz）より小さいので，^4J であると考えられる．また，シグナルがダブレットであることは，カップリングの相手の ^{1}H は一つであり，その可能性を示すのが 6.66 ppm のシグナルである．

もし 6.66 ppm の ^{1}H が 2.01 ppm のメチル基 ^{1}H とカップリングしているとすると，そのシグナルは 4 本線になるはずであるが，ここでは 6 本線に見える．そしてこのセクステットは，シグナルの間隔から，単純な sext や dt, td としては解析できない．ここで思い出してほしいのが，6.75 ppm のシグナルである．この ^{1}H は，6.81 ppm（d）のシグナルの ^{1}H と $J = 10.0$ Hz でカップリングしている以外に，他の ^{1}H と $J = 2.5$ Hz のカップリングをしている．ここで 6.66 ppm の ^{1}H がメチル基と $J = 1.5$ Hz でカップリングしている以外に 6.75 ppm の ^{1}H と $J = 2.5$ Hz でカップリングした場合に，そのシグナルがどのようなパターンになるかを図 1 に示した．

ここで 6.66 ppm のシグナルは $J = 2.5$ Hz で 2 本に分

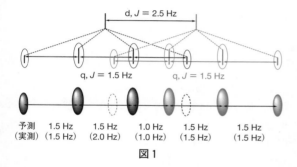

図1

裂し，さらにそれぞれが $J = 1.5\,\mathrm{Hz}$ で4本に分裂すると，黒のカルテットと青のカルテットをあわせた8本線になるはずである．中央付近の4本は，2本ずつが近接しているので，小さいほうのシグナルはシグナルの山の中に埋もれてしまう可能性がある．一部ピーク間隔が計算値と合わないが，これは測定精度の限界（J の計算値が0.5 Hz 刻みになる）であり，6.66 ppm のシグナルの $^1\mathrm{H}$ が，他のシグナルの $^1\mathrm{H}$ とカップリングして，$J = 2.5\,\mathrm{Hz}$，1.5 Hz の dq として観測される可能性が概ね理解できる．

$^{13}\mathrm{C}\{^1\mathrm{H}\}$ NMR（$(\mathrm{CD_3})_2\mathrm{CO}$, 125 MHz）

$^{13}\mathrm{C}$ NMR からは，この化合物の不思議な構造がさらに浮き彫りになる．188.4 ppm および 188.3 ppm の二つのシグナルは，2個のカルボニル基があることを示す．その化学シフト値はケトン，アルデヒドのカルボニル基の領域であるが，そのなかでもやや低周波数（高磁場）であるので，α,β-不飽和カルボニル基である可能性がある．なお，IR と $^1\mathrm{H}$ NMR の結果を見ると，アルデヒドの存在は確認されないので，この化合物はジケトンである可能性が高い．

150〜130 ppm のシグナルは，芳香環やアルケンの炭素が4個あることを示す．15.6 ppm のシグナルはメチル基の $^{13}\mathrm{C}$ に由来する．

COSY

$^1\mathrm{H}$ NMR で 2.01 ppm に現れるメチル基 $^1\mathrm{H}$ のカップリングの相手は，予想通り 6.66 ppm のシグナルの $^1\mathrm{H}$ であった．この $^1\mathrm{H}$ は 6.75 ppm の $^1\mathrm{H}$ ともカップリングしており，図1に基づく解析が正しいことを裏付けた．さらに，6.75 ppm の $^1\mathrm{H}$ と 6.81 ppm の $^1\mathrm{H}$ の間にカップリングがあり，$^1\mathrm{H}$ NMR の結果から $J = 10.0\,\mathrm{Hz}$ であることがわかる．これらがアルケン上の隣接 $^1\mathrm{H}$ であるとすれば，この二重結合は cis-二置換アルケンに相当し，これらがベンゼン環上の $^1\mathrm{H}$ であれば，オルトの位置関係

にある．

HMQC

HMQC では，$^1\mathrm{H}$ と $^{13}\mathrm{C}$ の対応がわかる．$^1\mathrm{H} \rightarrow ^{13}\mathrm{C}$ のようにその対応を ppm の値で表すと，2.01→15.6，6.66→133.9，6.75→137.2，6.81→137.5 であり，芳香環またはアルケンの $^{13}\mathrm{C}$ とその上の $^1\mathrm{H}$ との結合の対応がわかった．また，146.7 ppm のシグナルから，この $^{13}\mathrm{C}$ に結合する $^1\mathrm{H}$ がないことがわかる．なお，カルボニル炭素には結合する水素がない（ホルミル基であれば水素が存在するが，IR および $^1\mathrm{H}$ NMR ではその存在は確認されていない）ので省略してある．

HMBC

HMBC からは，^2J および ^3J の関係にある $^1\mathrm{H}$ と $^{13}\mathrm{C}$ の対応がわかる（後述）．ただし，常にすべての交差ピークが観測されるとは限らないので，構造決定の後で検証が必要である．また，HMBC のデータと，^1J の関係を表す HMQC（HSQC でも同じ）のデータを照合し，^1J のサテライトシグナルがある場合に他の相関と混同していないか，確認する必要がある．

総合的考察

これまでに得られた情報から構造の推定を行う．

分子式 $C_7H_6O_2$，不飽和度 $(7+1)+(-6/2)=5$

IR　おそらく α,β-不飽和カルボニル基があり，二重結合または芳香環がある．

$^1\mathrm{H}$ NMR　メチル基が一つ，不飽和結合に結合する $^1\mathrm{H}$ が三つ，水素の数は合計6個

$^{13}\mathrm{C}$ NMR　α,β-不飽和カルボニル基が二つ，不飽和結合の炭素が四つ，メチル基が一つの7本のシグナルが見える．これは想定した分子式 $C_7H_6O_2$ と合致する．

芳香環または二重結合の炭素が四つであること，酸素は二つのカルボニル基で使い切っていることから，この分子にベンゼン環も複素芳香環もなく，二重結合が二つあることがわかる．

HMQC　二重結合の炭素のうち一つ（146.7 ppm）は $^1\mathrm{H}$ が結合しておらず，他はそれぞれ1個の $^1\mathrm{H}$ が結合している．すなわち，二置換の二重結合（$J = 10.0\,\mathrm{Hz}$ から cis-二置換アルケン）と三置換の二重結合であることがわかる．cis-二置換の二つの水素のうち一つは三置換アルケン上の水素とカップリングがあり，$J = 2.5\,\mathrm{Hz}$ という値からおそらく ^4J と思われる．

不飽和度　カルボニル基二つと二重結合二つで合計4. 不飽和結合の存在を示す情報はこれ以上ないので，あとは環構造1と考えられる．

このような条件で，官能基の可能な組合わせを広く考えると，以下のような分子が候補としてあげられる．また，メチル基についてはアセチル基までも含めた．

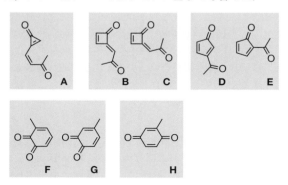

上記のうち，**A**〜**E** はアセチル基（CH$_3$–CO–）をもつが，そのメチル基 ^{1}H は鋭い 1 本のシグナルとなることが知られている．しかし本化合物のメチル基 ^{1}H は $J = 1.5$ Hz のカップリングがあり，これらの五つは候補から除外される．また，**F** のジエン系の三つの C–H は連続して結合しており，隣接 C–^{1}H の ^3J はそれぞれ 10 Hz 程度と予想できるので，6.75 ppm と 6.66 ppm のシグナルの $J = 2.5$ Hz のカップリングが説明できない．したがって，検討を要する候補化合物は **G** と **H** である．

この二つの化合物は MS，IR，1D NMR からでは区別できないため，2D NMR によってどちらの構造であるかを決めよう．特に HMBC が有用であり，おもに ^3J が観測されるが ^2J と ^4J が出ている可能性も否定できないので，相関の全体を見て，最も妥当な構造式を採用するのがよい．

HMBC　メチル基の ^{1}H（^{1}H(C^M): 2.01 ppm）は二つのアルケン ^{13}C（133.9, 146.7 ppm）と一つのカルボニル ^{13}C と相関がある．アルケン ^{13}C のうち 146.7 ppm のものは，HMQC から ^{1}H が結合していないので，この炭素（C^A: 146.7 ppm）に C^M（15.6 ppm）が結合していることがわかる．したがって，HMBC で C^A と ^{1}H(C^M) の間に見られる相関は ^2J の相関である．^{1}H(C^M) は 133.9 ppm のアルケン ^{13}C（C^B）とも相関があり，C^B は HMQC から 6.66 ppm の ^{1}H と結合している．この ^{1}H と ^{1}H(C^M) の間には $J = 2.5$ Hz のカップリングがあり，同じ二重結合上に存在する．したがって，^{1}H(C^M) とこのアルケン ^{1}H の相関は ^4J である．

^{1}H(C^M) とカルボニル ^{13}C の相関は，188.4 ppm の ^{13}C だけにあって 188.3 ppm の ^{13}C にはない．前者の ^{13}C はまた 6.66 ppm および 6.75 ppm の ^{1}H シグナルとも相関があるが，後者は 6.81 ppm の ^{1}H とだけ相関がある．

HMBC は通常 ^3J の相関が強く現れて，^2J と ^4J は観測されないことが多い．このことを念頭に，上記の相関を **G** と **H** の構造に当てはめて，スペクトルが合理的に説明できるかどうか調べてみよう．

1,2-ジケトン構造 **G** において，下記のように炭素原子を C^A〜C^F および C^M とする．6.81 ppm のシグナルの ^{1}H は隣接する炭素上の ^{1}H とのみカップリングがある（10.0 Hz，^3J 相当）ので，それ以外は ^4J かそれより離れた ^{1}H–^{1}H 相関しかないこの ^{1}H は C^E 上にあると考えられる．この ^{1}H（6.81 ppm）は片方のカルボニル ^{13}C（188.3 ppm）のみと相関しているが，これを C^D のカルボニル基とした相関図が **G′** である．この相関は ^2J となる（**G′** の太い青の矢印）．さらに，C^C（188.4 ppm）と相関する ^{1}H は C^B 上と C^F 上（6.66, 6.75 ppm）の ^{1}H および C^M の ^{1}H であるが，これらすべて ^2J あるいは ^4J となり，不合理である．一方，C^D でなく C^C（188.3 ppm）が C^E 上の ^{1}H（6.81 ppm）と相関しているとしたのが **G″** であり，この相関は ^3J である．この場合，C^D（188.4 ppm）と相関する C^B 上および C^F 上の ^{1}H とは共に ^3J であって合理的であるが，C^M 上の ^{1}H との相関は ^5J となり，これは考えられない．したがって，**G** の構造は HMBC の相関を満足できない．

もう一つの 1,4-ジケトン構造 **H** を考えよう. 炭素を同様に C^A〜C^F および C^M とする. **G′** の場合と同様に, C^E 上の ^1H (6.81 ppm) は C^D (188.3 ppm) と ^2J で相関するとした図が **H′** である. この場合, C^C (188.4 ppm) と相関する ^1H (2.01, 6.66, 6.75 ppm) はすべて ^2J か ^4J であり, 不合理である. 一方, **H″** のように C^E 上の ^1H と相関があるカルボニル ^{13}C が C^C (188.3 ppm) であるとすると, この相関は ^3J であり, また C^D (188.4 ppm) は, C^F および C^B 上の ^1H (6.75, 6.66 ppm), および C^M 上の ^1H と, すべて ^3J の相関がある.

このことから, 最も確からしいのは, この化合物の構造が **G** ではなく **H** であり, HMBC の相関は **H″** のようになることである. 他の HMBC の交差ピークを調べてみると, C^A (146.7 ppm) と $^1H(C^M)$ の ^2J の相関が見られる以外はすべて ^3J の相関であることがわかる.

以上から, この化合物の構造は **H** であり, 2-methylcyclohexa-2,5-diene-1,4-dione (*p*-トルキノン) であると決定できる. ^1H および ^{13}C NMR の帰属は以下のようになる. また, HMBC の帰属を図2に示した.

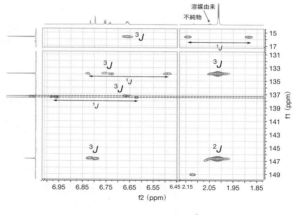

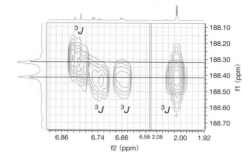

図 2

構造とスペクトルの照合

得られた構造 **H** が, 各種スペクトルと矛盾するところはないかを検証する. なお, ここでは示さないが, 表4・4のような, HMQC/HMBC の相関表をつくって確認するとよい.

HR-MS: 矛盾しない

LR-MS: m/z 94 のピークは, $M-C_2H_4$ あるいは $M-CO$ と考えられるが, 構造的にはカルボニル基の両側で α 開裂して脱カルボニルが起こりそうである. しかし, その後ビラジカル部位が結合してシクロペンタジエノンのカチオンラジカルが生成するかどうかは, 共役する置換基の少ないシクロペンタジエノンは不安定であるため, 不明である. なお, $M-C_2H_4$ はアルキルケトンなどのマクラファティ転位の際によく見られるイオンであるが, この場合は構造的に起こりえない.

IR: 矛盾しない

^1H NMR および ^{13}C NMR: 矛盾しない. ^1H NMR で 2.2 ppm および 6.5 ppm 付近に, また ^{13}C NMR で 16 ppm 付近に少し不純物が見えるのは, *p*-トルキノンが容易に還元されて生じる 2-メチルヒドロキノン由来のシグナルである.

COSY および HMQC: 矛盾しない.

HMBC: 本問の構造決定では, HMBC の相関を最もよく説明できるものを候補化合物のうちから選択した. このような場合, 候補化合物をすべて網羅することが重要である. 手持ちのデータから見落としなく候補化合物をあげるには, 一般的な有機化学の知識が必要である. そのうえで, HMBC などのスペクトルを読みこなして構造決定が完了する. 各自でもう一度 HMBC の相関と構造 **G**, **H** を比較して見てほしい.

演習問題 3

フェルラ酸エチル

LR-MS（EI）

分子イオンピークは m/z 222 と考えられる．M$-$28（m/z 194）は前問でも見られたが，通常エチレンの脱離か CO の脱離である．前者はマクラファティ転位によるもの，後者は環状ケトンの α 開裂がカルボニル基の両側で起こったときに観測される．M$-$45（m/z 177）は，通常エトキシ基の脱離による．

HR-MS（APCI，負イオン測定）

測定された m/z 221.08230 について，相対質量確度が ± 10 ppm 程度以内として候補となる分子式を絞込み検索すると，H$^+$ が脱離した負イオン $C_{12}H_{13}O_4$（計算値 221.08193，相対質量確度 6.5 ppm）が見つかる．したがって，中性分子としては分子式 $C_{12}H_{14}O_4$ を考えればよい．これは，あとで NMR から裏付けられる．

不飽和度は 6 である．分子量がそれほど大きくないのに不飽和度が 4 以上のときは，ベンゼン環（不飽和度 4）などの芳香環の存在も視野に入れたほうがよい．

IR（KBr ディスク法）

KBr ディスク法では水の混入が防げるため，3180 cm^{-1} に強い吸収があることから，OH 基の存在が確認できる．

3000～2800 cm^{-1} の領域に弱い吸収が数本見られるので，アルキル基の存在がわかる．また 3000～3100 cm^{-1} にも弱い吸収が数本見られるので，芳香環あるいは二重結合に結合した水素があると判断できる．

1680～1630 cm^{-1} に比較的強くて鋭い吸収があることから，カルボニル基があると考えられる．吸収波数が，基準となるアルキルケトンの 1715 cm^{-1} よりだいぶ低波数側にあることから，多重結合や芳香環などと共役したカルボニル基であると予想される．このカルボニル基がホルミル基であれば 2800 cm^{-1} 付近と 2700 cm^{-1} 付近に一緒に現れるアルデヒドの C$-$H 伸縮振動が見られないから，アルデヒドではない．ケトンかエステルかの判断は難しく，どちらの可能性も否定できない．

この領域に複数の吸収が見られる理由として，複数のカルボニル基があること以外に以下の可能性がある．カルボニル基がアルケンに共役していると，アルケンとカルボニル基をつなぐ C$-$C 単結合に関する *s-trans* と *s-cis* の立体配座があるため，それぞれに対応する吸収が現れることによる．

^{1}H NMR（CDCl$_3$，500 MHz）

高波数（低磁場）側から積分比が 1：1：1：1：1：1：1：2：3：3 であるシグナルが見られる．HR-MS において分子式 $C_{12}H_{14}O_4$ と推定されたが，^{1}H NMR の結果はこれを支持する．よって，分子式 $C_{12}H_{14}O_4$ に基づいて構造解析を進めよう．

6.05 ppm（s）のシグナルは D$_2$O 添加によって消失するので，分子式と照合すると OH 基の ^{1}H に帰属できる．アルコール性，フェノール性，カルボン酸の OH が考えられるが，化学シフトからはフェノール性 OH の可能性が高い．不飽和度が 6 であるので，この化合物が芳香環をもっている可能性は十分ある．

それ以外の高周波数（低磁場）側のシグナルについて，J 値を見ると，7.61 ppm の ^{1}H と 6.29 ppm の ^{1}H は同じ 16.0 Hz と大きいため，(E)-二置換アルケンの二つの ^{1}H であると予想できる．化学シフトが大きく異なるので，高周波数（低磁場）側（7.61 ppm）の ^{1}H がカルボニル基などに共役した (E)-二置換アルケンの β 位（カルボニル基から遠い側）の ^{1}H，低周波数（高磁場）側（6.29 ppm）が α 位の ^{1}H であると予想できる．

7 ppm 付近の三つの ^{1}H は，化学シフトから考えると芳香環上の三つの ^{1}H と考えられるが，それぞれの間に $J = 8.0$ Hz と 2.0 Hz のカップリングが見られるので，同一環上にあると考えられる．

4.26 ppm と 1.33 ppm のシグナルは，ともに $J = 7.0$ Hz であり，エチル基に帰属できる．この値は通常のアルキル基の ^3J のカップリングである．4.26 ppm のメチレン ^{1}H の化学シフトは，電気陰性度の大きな原子あるいは官能基が隣接していることを示す．分子式から考えると，酸素であると予想できる．しかも，単純なエーテル結合であればメチレン ^{1}H は 3.5～4.0 ppm 付近に現れると予想されるが，それよりも高周波数（低磁場）であるので，電子求引性のカルボニル基がさらに結合したエトキシカルボニル基であることが予想される．すなわち，カルボン酸のエチルエステルであると考えられる．

3.91 ppm（s, 3H）のシグナルはメチル基のものと考えてよい．化学シフトはメチルエーテルを予想させる．熟達者であれば，通常のメチルエーテルよりは高周波数（低磁場）であるが，カルボン酸のメチルエステルほどではないことまで読み取ることができるだろう．

ここまでに存在が予想される官能基は，H を三つもつ芳香環（ベンゼン環とは限らない：フラン環などの複素芳香環も考慮する必要がある），OH 基，OCH$_3$ 基，(E)-

二置換アルケン，エトキシカルボニル基である．芳香環を除くと，これらの置換基に必要な原子は $C_6H_{11}O_4$ である．分子式 $C_{12}H_{14}O_4$ との差は C_6H_3 であり，芳香環は水素を三つもつ（すなわち三置換）ベンゼンであることが明らかとなった．

三置換ベンゼン上の水素の並び方には，**A, B, C** の 3 通りがある．

A　　　　　　　**B**　　　　　　　**C**

^{1}H どうしの J 値は，巻末付録の表から，オルトでは約 9 Hz，メタでは約 3 Hz，パラでは約 0 Hz である．本化合物では 8.0 Hz と 2.0 Hz であるので，大きいほうがオルトの関係，小さいほうがメタの関係に帰属できる．これに合致するのは **B** の構造である．ここで，パラの関係にある二つの ^{1}H の間のカップリングは観測されていない．

この **B** の構造の，R^1, R^2, R^3 の置換基を決める必要があるが，その候補は OH 基，OCH_3 基，$CO_2C_2H_5$ 基であり，これらのどれか一つとベンゼン環の間に (E)-二置換アルケンが挟まることになる．ただし，OH 基とベンゼン環の間に挟まると，OH 基はエノールになるが，これはケト-エノール互変異性があるので通常はアルデヒドとして存在するため，OH は直接ベンゼン環に結合している（すなわちフェノール性）ことがわかる．

^{1}H NMR で，アルケン ^{1}H のシグナルの化学シフトから，カルボニル基に隣接した (E)-二置換アルケンの存在が示唆されていたので，ベンゼン環の上には，構造 **B** において α,β-不飽和エチルエステル，OCH_3 基，OH 基の三つが存在すると考えるのが合理的である．

$^{13}C\{^1H\}$ NMR（$CDCl_3$, 125 MHz）

12 本のシグナルが観測されており，この結果は推定された分子式 $C_{12}H_{14}O_4$ を支持する．

最も高周波数（低磁場）の 167.5 ppm のシグナルは，カルボニル基の存在を示す．その化学シフト値はチャート 4・2 から α,β-不飽和カルボン酸誘導体の領域にある．次に高周波数（低磁場）の，145〜150 ppm の 3 本のシグナル，および 110〜130 ppm の 5 本のシグナルは，ベンゼン環あるいはアルケンの ^{13}C のシグナルに帰属さ

れ，全部で 8 本ある．

60 ppm 付近の 2 本のシグナルは，混み合ったアルカンの内部の ^{13}C のこともまれにあるが，通常アルコキシ基の O またはアミンの N に結合した ^{13}C である．この場合はアルコキシ基の可能性が高い．14.4 ppm のシグナルは，アルカンのメチル基の ^{13}C である．

DEPT135

各シグナルは以下の ^{13}C に帰属される．

60.5 ppm（下向き）：エチルエステル部分のメチレン基の炭素

上向きのシグナルは，H が 1 個または 3 個結合している ^{13}C のものである．

14.4 ppm：エチルエステル部分のメチル基炭素

56.0 ppm：メトキシ基のメチル基炭素

^{13}C NMR における 167.5，148.1，146.9，127.1 ppm のシグナルは消失しているため，これらは H が結合していない ^{13}C であり，167.5 ppm のシグナルはカルボニル基，残りの三つは置換基が結合しているベンゼン環のものである．

COSY

エトキシカルボニル基のメチル ^{1}H（1.33 ppm）とメチレン ^{1}H（4.26 ppm）の相関，(E)-二置換アルケンの二つの ^{1}H（6.29 ppm，7.61 ppm）の相関がはっきり見える．芳香環上の H の相関は，化学シフトが接近しているので 6.91 ppm と 7.06 ppm の $J=8.0$ Hz のカップリングの相関しか読み取ることができない．

HSQC

^{1}H と ^{13}C の結合の関係がわかる．これと次の HMBC のデータから，分子全体の構造がわかる．

HMBC

HMBC によって，^{1}H と ^{13}C のつながりを調べられる．以下で詳しく見ていこう．

総合的考察

これまでのところ，この化合物は **B** のような骨格をもっており，三つの置換基は，OH 基，OCH_3 基，および (E)-$(-CH=CH-CO_2CH_2CH_3)$ 基であることが概ね明らかになった．次に，**B** の構造をさらに詳しく見ていこう．ここでは，HMBC が有効である．

60.5 ppm の ^{13}C シグナルが DEPT によってメチレン炭素のものだとわかっているので，HMBC において，エチル基内部の ^2J の相関（メチル基 ^{1}H とメチレン基 ^{13}C，メチレン基 ^{1}H とメチル基 ^{13}C）は明瞭にわかる．

167.5 ppm のカルボニル基 ^{13}C と二つのアルケン ^{1}H の間にも相関が見られる．α,β-不飽和カルボニル基であることを考えると，6.29 ppm(d) のシグナル（115.7 ppm の ^{13}C 上）との相関が ^2J，7.61 ppm(d)（144.8 ppm の ^{13}C 上）のシグナルとの相関が ^3J とわかる．また，カルボニル基 ^{13}C とエチル基のメチレン ^{1}H との間にも相関がある．このことにより，この化合物はエチルエステルをもち，上記の相関は ^3J であることが確認された．

ベンゼン環の 6 個の炭素のうち，置換基の付いている ^{13}C は 127.1 ppm，146.9 ppm，148.1 ppm の三つ，^{1}H の付いている ^{13}C は，109.5 ppm（^{1}H は 6.91 ppm, d, 8.0 Hz），114.9 ppm（^{1}H は 7.02 ppm, d, 2.0 Hz），123.1 ppm（^{1}H は 7.06 ppm, dd, 8.0, 2.0 Hz）である．したがって，^{1}H どうしの J 値から，上記の構造 **B** において，三つの ^{1}H の位置関係が定まり，同時に HSQC からそれぞれの ^{1}H が結合している炭素の位置が以下のように定まった．

B

次に，二置換アルケンが R^1 から R^3 のどこについているかを調べよう．アルケンの ^{13}C のうち，カルボニルから遠い β-^{13}C は 144.8 ppm に現れる．これと相関ピークが見える ^{1}H は 7.02 ppm と 7.06 ppm のシグナルであり，6.91 ppm とは相関が見えない．もし R^1 がアルケンであるとすると，7.02 ppm と 7.06 ppm の ^{1}H は共に ^3J であり，観測されるはずである．R^2 がアルケンであるとすると，7.02 ppm の ^{1}H は ^3J で観測されていることと 6.91 ppm の ^4J の相関が観測されていないのは順当であるが，7.06 ppm とは ^5J であるのに観測されていることになるのは不合理である．また，R^3 がアルケンであるとすると，^3J の 6.91 ppm が観測されず，^4J の 7.02 ppm および 7.06 ppm との相関が観測されていることになり，これも適当ではない．したがって，アルケンは R^1 であると考えるのが最も合理的である．

さらに，6.29 ppm の，カルボニル基の α 位のアルケン ^{1}H はカルボニル基 ^{13}C と ^2J の相関があるが，それ以外に，^{1}H の置換していない 127.1 ppm の ^{13}C とのみ相関がある．したがって，この炭素がアルケンに結合している炭素で，その相関は ^3J である．

B′

ここまでの検討で上記の **B′** の構造であり，NMR シグナルの帰属がほぼ完了した．あとは OH 基と OCH$_3$ 基が R^2，R^3 のどちらであるか，およびその付け根の ^{13}C の化学シフト値を決めればよいことになる．

OCH$_3$ 基の ^{1}H は 3.91 ppm(s) のシグナルとして現れており，146.9 ppm の ^{13}C とのみ相関があるので，この炭素は OCH$_3$ 基が結合している炭素であり，^3J の相関があると考えてよい．この ^{13}C は他に 6.91 ppm の ^{1}H と相関がある．R^2，R^3 の付け根の ^{13}C のうち 6.91 ppm の ^{1}H と ^3J の関係にあるのは R^2 の付け根の ^{13}C であるので，R^2 が OCH$_3$ 基である可能性が高い．芳香環上の残る一つの炭素は，置換基の付いた 148.1 ppm の ^{13}C である．この ^{13}C は，7.02 ppm，7.06 ppm の ^{1}H と相関があり，6.91 ppm の ^{1}H との相関は弱い．R^3 が OH 基であるとすれば，その付け根 ^{13}C と 7.02 ppm，7.06 ppm の ^{1}H は ^3J の相関，6.91 ppm の ^{1}H との相関は ^2J となり，合理的に説明できる．

B′

さらに帰属を確実にするために，OH 基の ^{1}H の関与する HMBC を調べよう．このシグナルは 6.05 ppm に現れ，D$_2$O 添加で消失する．その HMBC の相関は 114.9 ppm および 148.1 ppm の ^{13}C シグナルとの間で見られる．前者は OH 基が結合する炭素に隣接する ^{13}C であり，^3J の相関である．後者は水素が結合していない ^{13}C であり，OH の付け根の ^{13}C で ^2J の相関があると考えると説明で

きる．この ^{13}C はさらに芳香環上の隣接する二つの ^1H（6.91 ppm および 7.06 ppm）と相関があり，それぞれ ^2J，^3J と考えられる．また，弱くではあるが，OH 基の ^1H と OCH_3 基の付け根の ^{13}C との間の ^3J の相関ピークが観測される．

　以上により，この化合物は上記 **B″** の構造をもつ ethyl（*E*）-3-（4-hydroxy-3-methoxyphenyl）prop-2-enoate（フェルラ酸エチル）であり，その ^1H および ^{13}C NMR の帰属も **B″** のように決定できた．また，HMBC の帰属を図3に示した．

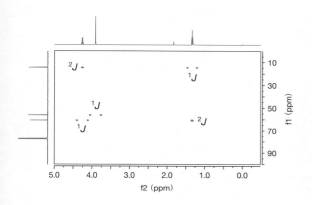

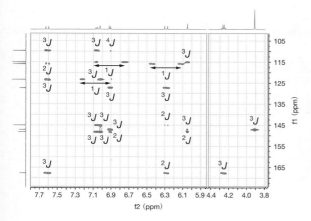

図3

構造とスペクトルの照合

　得られた構造 **B″** が，各種スペクトルと矛盾するところはないかを検証する．なお，ここでは示さないが，表4・4 のような HSQC/HMBC の相関表をつくって確認

するとよい．

　LR-MS: *m*/*z* 194 は，エチルエステルの典型的なマクラファティ転位によるものとして説明できる．*m*/*z* 150 は，その後さらに CO_2 が脱離したと考えられるが，マクラファティ転位の後のカチオンは $R-CO_2H$ の形になっているはずなので，CO_2 の脱離のためにはさらに何らかの水素の転位が起こっていると考えられる．*m*/*z* 177 はエチルエステルのエトキシ基が脱離したアシルラジカルカチオンと考えられ，エチルエステルの存在を支持する．

　HR-MS: 負イオンの APCI 法で ［M−1］⁻ というピークが観測されたことは，酸性度の高いフェノール性 OH の存在を支持する．

　IR: 3200 cm⁻¹ 付近の幅広な吸収は水素結合をしている OH 基の存在を示す．この分子の構造を見ると，OH 基に隣接して OCH_3 基があり，下図のように安定に5員環を形成する分子内水素結合が可能である．したがって，フリーの OH 基はほとんど存在せず，水素結合性のなだらかで幅広く非常に強い吸収として観測される．3500 cm⁻¹ 付近の弱い吸収がフリーの OH 伸縮振動である可能性がある．

[構造式の図]

　1539, 1519 cm⁻¹ の，カルボニル基の伸縮振動と同等の強度の吸収は，アルケンの伸縮振動と考えられるが，孤立したアルケンよりはるかに低周波数側にあるのは，芳香環およびカルボニル基と共役しているからと考えられる．この領域に2本の吸収があるのは，カルボニルの伸縮振動（1680, 1631 cm⁻¹）と同様 *s-trans* と *s-cis* の立体配座があるからと考えられる．

　^1H NMR および ^{13}C NMR: 矛盾はしない

　COSY および HSQC: 矛盾しない

　HMBC: OH の ^1H と OCH_3 の付け根の ^{13}C（146.9 ppm）の ^3J の相関がうっすらとしか見えないのに逆側の ^{13}C（114.9 ppm）との ^3J の相関ははっきり見えているのが若干気になる．OH 基と OCH_3 基の間の水素結合によって OH 基の配向が固定されており，H−O−C−C の並び方が，OCH_3 側は重なり形（二面角0°），逆側はトランス形（二面角180°）になっているためであろう．

索　　引

よこ やま やすし
横 山 泰

1953 年 横浜市に生まれる
1980 年 東京大学大学院
　　　　　理学系研究科博士課程 修了
横浜国立大学名誉教授
専門 有機光化学，有機材料化学
理 学 博 士

いし はら しん じ
石 原 晋 次

1977 年 千葉県に生まれる
2002 年 埼玉大学大学院
　　　　　理工学研究科修士課程 修了
現 横浜国立大学機器分析評価センター 勤務
専門 機器分析化学
修士(工学)

うぶ かた たかし
生 方 俊

1973 年 横浜市に生まれる
2001 年 東京工業大学大学院
　　　　　総合理工学研究科博士課程 修了
現 横浜国立大学大学院工学研究院 准教授
専門 光機能化学
博士(工学)

かわ むら いずる
川 村 出

1978 年 福岡市に生まれる
2007 年 横浜国立大学大学院
　　　　　工学府博士課程 修了
現 横浜国立大学大学院工学研究院 准教授
専門 構造生物化学
博士(工学)

第 1 版 第 1 刷 2022 年 2 月 10 日 発行

有機スペクトル解析入門

Ⓒ 2022

著　者	横	山	泰
	石	原 晋	次
	生	方	俊
	川	村	出

発 行 者　住 田 六 連

発　　行　株式会社 東京化学同人
東京都文京区千石 3-36-7(〒112-0011)
電話 03-3946-5311・FAX 03-3946-5317
URL：http://www.tkd-pbl.com/

印　刷　中央印刷株式会社
製　本　株式会社松岳社

ISBN978-4-8079-0973-5
Printed in Japan

演習で学ぶ
有機化合物のスペクトル解析

横山 泰・廣田 洋・石原晋次 著
B5判　194ページ　定価3080円（本体2800円＋税）

機器分析を学ぶ大学・高専の高学年生や，有機化学分野に携わる大学院生向演習書．質量分析法，核磁気共鳴法，赤外分光法から得られる情報を総合して，その試料の構造決定を行う訓練を積めるように配慮．

有機化合物のスペクトルによる同定法
MS, IR, NMR の併用　（第8版）

R. M. Silverstein・F. X. Webster・D. J. Kiemle・D. L. Bryce 著
岩澤伸治・豊田真司・村田 滋 訳
B5変型判　456ページ　定価5060円（本体4600円＋税）

世界的に高い評価を確立したロングセラーの教科書の最新改訂版．最近の10年の進展に合わせて大幅な見直しが行われた．構造決定に際して有用な新しい知識が随所に盛り込まれ，用語や内容も更新された．

有機化合物のスペクトルによる同定法
演 習 編　（第8版）

岩澤伸治・豊田真司・村田 滋 著
B5変型判　168ページ　定価3410円（本体3100円＋税）

上記の改訂（第8版）に対応して，この演習編も全面的に改訂された．訳書の各章末に掲げられた全問題と演習問題のすべての解き方と答を示す．

2022年1月現在（定価は10％税込）